Cerraf Eugene Tovar Hernández

Metapneumovirus, Bocavirus y Coronavirus humanos en Venezuela

Cerraf Eugene Tovar Hernández

# Metapneumovirus, Bocavirus y Coronavirus humanos en Venezuela

## Nuevos genotipos en pacientes con infecciones respiratorias agudas

PUBLICIA

**Imprint**



Cover image: www.ingimage.com

Publisher:
PUBLICIA
is a trademark of
International Book Market Service Ltd., member of OmniScriptum Publishing Group
17 Meldrum Street, Beau Bassin 71504, Mauritius

Printed at: see last page
**ISBN: 978-3-8416-8448-6**

REPÚBLICA BOLIVARIANA DE VENEZUELA
UNIVERSIDAD DEL ZULIA
FACULTAD EXPERIMENTAL DE CIENCIAS
DIVISIÓN DE ESTUDIOS PARA GRADUANDOS
PROGRAMA DE MAESTRIA EN MICROBIOLOGIA

# CARACTERIZACIÓN MOLECULAR DE METAPNEUMOVIRUS, BOCAVIRUS Y CORONAVIRUS EN PACIENTES CON INFECCIONES RESPIRATORIAS AGUDAS REFERIDOS AL INSTITUTO NACIONAL DE HIGIENE "RAFAEL RANGEL"

Lcdo. Cerraf Eugene Tovar Hernández

Maracaibo, 2016

## *DEDICATORIA*

*Siempre he querido dedicarle una obra de mi intelécto a la divina energia Universal, que para mi es el AMOR. Ese nombre de cuatro letras tan pronunciado y tan poco practicado en éste mundo. Si tu amor no tiene sabor al dolor de la MUERTE no vale la pena seguir amando.*

*A mi hija Mariugenia. Bella entre las bellas.*
*Divina gracias que ha llegado a mi Vida para aflorar mi camino y siempre recordarme por quién ser cada dia mejor.*

*A toda mi familia,*
*Aida, Carlos, Enrique, Ernesto, Evaristo y Sair.*

*A mis amores,*
*Miriam, Niria, Dulce, Thais, Carol, Raquel, Maria José, Luisa, Dalila, Alexandra Carolina, Génesis, Tamara, Johana T, Adriana L, Gabriela, Virginia, Migdelis, Antony, Michurin, Tyrone,...a los que estuvieron, los que están y los que algún dia llegaran...A todos los amo con absoluta locura.*

## AGRADECIMIENTOS

*Esta obra no hubiese sido posible sin la ayuda de mis padres Aida y Carlos, y de mis hermanos Ernesto, Enrique y Evaristo. Todos me apoyaron enormemente en los aspectos económicos y logísticos de éste trabajo. Sin duda una ayuda invaluable.*
*A todos ellos los amo con toda mi Alma y les agradezco toda la ayuda desde lo más profundo de mi corazón.*

*Quiero agradecer muy especialmente a mi compañera y amiga Meybe Saavedra, quien me acompañó durante estos tres años en el postgrado. Sin duda supo como apoyarme y ayudarme en los aspectos formales y administrativos que surgieron durante el desarrollo de ésta obra. Y a Nirvia Cuical por sus consejos.*

*Agradezco especielmente al profesor Carlos Aponte. Sus valioda experiencia y conocimiento en el área me sirvió de guia para darle un enfoque interesante a esta obra.*

*A los profesores de la Universidad del Zulia: Laugeny Diaz, Lilibeth Cabrera y Lonera Atencio. Y muy especialmente al profesor Nestor Rosales que, aun sin tiempo, me ayudó en los aspectos administrativos de la Maestría y en darle una mejor imagen a éste trabajo.*

*A todos,*
*Gracias Totales.*

## ÍNDICE DE CONTENIDO

## ÍNDICE DE TABLAS

Pág

## ÍNDICE DE FIGURAS

**CERRAF EUGENE TOVAR HERNANDEZ**. CARACTERIZACIÓN MOLECULAR DE METAPNEUMOVIRUS, BOCAVIRUS Y CORONAVIRUS EN PACIENTES CON INFECCIONES RESPIRATORIAS AGUDAS REFERIDOS AL INSTITUTO NACIONAL DE HIGIENE "RAFAEL RANGEL".

## RESUMEN

Los virus respiratorios emergentes como el Metapneumobirus (MPVh), Coronavirus (CoVh) y Bocavirus humano (BoVh) constituyen agentes que afectan las vías respiratorias de pacientes de todas las edades a nivel mundial. En Venezuela poco se conoce del papel que juegan en la etiología de las Infecciones Respiratorias Agudas (IRA) y no existen registro de la caracterización molecular de estos agentes. En este estudio se detectó y caracterizó molecularmente al MPVH, CoVH y BoVH a partir de muestras de hisopados nasofaríngeos (HN) provenientes de pacientes con IRA referidos al Instituto Nacional de Higiene "Rafael Rangel" entre enero 2010 y diciembre 2015. Fueron procesadas por RT-PCR multiplex 1812 muestras de HN y algunas de las muestras positivas a MPVh, CoVh y BoVh fueron secuenciadas para el estudio filogenético. Se encontro una positividad total a virus respiratorios de 41,9% (759/1812), donde el MPVh se detecto en el 9,1% (69/759), el CoVh en el 3,8% (29/759) y el BoVh en el 3,4% (26/759). El análisis filogenético de MPVh permitió identificar la circulación del genotipo A2 y el genotipo B2. Se encontró tres cambios de aa (V765A, A775S y T871I) entre las secuencias de CoVh 229E circulantes en nuestro país con referente a la cepa de referencia de 1979. Se propone la existencia de un nuevo genotipo de CoVh OC43 denominado genotipo "V" (de Venezuela) hallado en la población de estudio. El BoVh hallado en los pacientes es 100% idéntica al genotipo st1 de BoVh originalmente aislado en 2005. Esta investigación permitió esclarecer un poco más el papel de estos agentes en la etiología de las IRA en la población venezolana y aporta valiosa información al acervo genético de estos agentes.

**Palabras claves**: Virus Respiratorios, Metapneumovirus Humano, Coronavirus Humano, Bocavirus Humano, Infecciones Respiratorias Agudas. Analisis filogenético.

Correo electrónico: cerrafth@gmail.com

**CERRAF EUGENE TOVAR HERNÁNDEZ**. MOLECULAR CHARACTERIZATION OF METAPNEUMOVIRUS, BOCAVIRUS AND CORONAVIRUS IN PATIENTS WITH ACUTE RESPIRATORY INFECTIONS REFERRED TO NATIONAL INSTITUTE OF HYGIENE “RAFAEL RANGEL”.

## ABSTRACT

Emerging respiratory viruses such as Metapneumobirus (MPVh), Coronavirus (CoVh) and Human Bocavirus (BoVh) are respiratory tract agents of patients of all ages worldwide. In Venezuela little is known about the role they play in the etiology of acute respiratory infections (ARI) and there is no record of the molecular characterization of these agents. In this study, the MPVH, CoVH and BoVH were detected and characterized from samples of nasopharyngeal swabs (HN) from patients with ARI referred to the National Institute of Hygiene "Rafael Rangel" between January 2010 and December 2015. They were processed by RT -PCR multiplex 1812 HN samples and some of the positive samples to MPVh, CoVh and BoVh were sequenced for phylogenetic study. Total virus positivity was 41.9% (759/1812), where the MPVh was detected in 9.1% (69/759), CoVh in 3.8% (29/759) and The BoVh in 3.4% (26/759). The phylogenetic analysis of MPVh allowed to identify the circulation of genotype A2 and genotype B2. Three changes of aa (V765A, A775S and T871I) were found between the CoVh sequences 229E circulating in our country with reference to the reference strain of 1979. We propose the existence of a new genotype of CoVh OC43 denominated genotype "V" (From Venezuela) was found in the study population. The BoVh found in the patients is 100% identical to the BoVh st1 genotype originally isolated in 2005. This research allowed to clarify the role of these agents in the aetiology of ARI in the Venezuelan population and provides valuable information to the gene pool of these agents.

**Keywords**: Respiratory virus, human metapneumovirus, human Coronavirus, human Bocavirus, Acute Respiratory Infections. Phylogenetic analysis.

Email address: Cerrafth@gmail.com

# INTRODUCCION

La Infección Respiratoria Aguda (IRA) es la enfermedad más común en las personas de todas las edades a nivel mundial y, en particular, es una de las principales causas del uso de los servicios médicos en países en vías de desarrollo y el 95% de las IRAs son causadas por etiologías virales (Valero y col., 2009). En Venezuela, según el boletín epidemiológico del Ministerio del Poder Popular para la Salud, las IRA representaron el 69,38% de las enfermedades de consultas obligatorias (Ministerio del Poder Popular para la Salud 2015).

Los virus respiratorios (VR) son los principales agentes etiológicos responsables de la mayoría de las IRA llegando a causar altas cifras de morbilidad y mortalidad a nivel mundial, los mismos penetran por vía aerógena, se replican en el tracto respiratorio y se transmiten por vía aerógena (gotitas de fluido) o bien por manos u objetos contaminados con secreciones respiratorias.

Más de 100 agentes distintos de VR incluidos en 7 familias se han descrito hasta la fecha. Entre los principales VR asociados a IRA tenemos al virus de la Influenza (IV) A y B (IVA, IVB), al Virus Sincitial Respiratorio Humano (VRSH), al Adenovirus Humano (AdVH), al Virus Parainfluenza Humano 1, 2, 3 y 4 (PIVH-1, PIVH-2, PIVH-3 y PIVH-4), al Rinovirus Humano (RVH); al Enterovirus Humanos (EnVH); los Coronavirus Humano (CoVH), Bocavirus Humano (BoVH), los Metapneumovirus Humano (MPVH), y el nuevo Coronavirus Humano (MERS-CoV) recientemente descubierto (Acosta-Herrera y col., 2008, Valero y col., 2009)

La problemática alrededor de las infecciones respiratorias es bastante compleja ya que su alta incidencia, morbilidad y rápida evolución dificultan en gran medida su control. La sintomatología clínica de las IRA es muy amplia y puede variar desde manifestaciones leves auto limitadas: disnea, estridor, taquipnea, tos, rinorrea, otorrea, obstrucción nasal, con o sin fiebre, hasta muy severas como bronquitis, neumonía, bronconeumonía, crup, etc. Esta complejidad se debe en gran medida al estado inmunológico del huésped, a la patogénesis y el tropismo viral, a las condiciones del microambiente al momento de la infección y a otros elementos intrínsecos que aceleran o retrasan el grado de infección del agente (Valero y col., 2009; Pavia 2011; Debiaggi y col., 2012).

Los MPVh, CoVHs y BoVH no ha dejado de ser mencionados como agentes causales de IRA alrededor del mundo. En Venezuela, existen estudios como el de Valero y col., 2009 y Álvarez y col., 2009, quienes describe la etiológica de las infecciones respiratorias en el estado Zulia y en niños menores de 5 años, respectivamente; donde reportan IRAs causadas principalmente por VRSH, AdVH, PIVH y IV. Sin embargo, no encuentran presencia de MPVH, BoVH y CoVH en las muestras analizadas, ni ninguna de las variantes génicas que cada familia de estos virus posee. Esto refleja una debilidad por parte de las instituciones sanitarias para determinar el o los agentes verdaderos involucrados en el desarrollo de las IRAs en la población venezolana.

No obstante, en el Instituto Nacional de Higiene "Rafael Rangel" (INHRR) en un estudio no publicado realizado durante el primer semestre del año 2010, se analizaron por técnicas moleculares 477 muestras de hisopados nasales de pacientes con diagnóstico presuntivo de IRA, y se obtuvieron un total de 410 muestras positivas a virus respiratorios no influenza: 160 positivas a VRSH, 92 positivas a RVH, 55 positivas a MPVH, 45 positivas a PIVH, 22 positivas a EnVH, 18 positivas a CoVHs, 17 positivas a BoVH y 1 positiva a AdVH; distribuidos a lo largo de todos los estados del país, donde la mayoría de los pacientes presentaron cuadros clínicos severos acompañados de neumonía y hospitalización. Donde los niños menores de 5 años fueron los más afectados. Lo que deja en evidencia la asociación conjunta de MPVh, CoVh y BoVH en casi el 25% de las IRAs.

La necesidad de iniciar estudios de caracterización molecular de las variantes genéticas de cada VR en especial a los MPVh, BoVH y CoVh, es inminente. La caracterización molecular sería una poderosa herramienta de control, prevención, alerta, seguridad y contención que sin duda fortalecerá el sistema Vigilancia Epidemiológica (VE) en el INHRR y mejorará la salud en Venezuela.

La población en Venezuela se ha ido incrementado exponencialmente en los últimos años, se espera que para el año 2013 la población total alcance la cifra de 28.833.845 habitantes y será de aproximadamente 32 millones en el año 2018, según datos del Instituto Nacional de Estadísticas (INE). El incremento de la población trae consigo un consumo masivo de servicios cada vez es más difícil de suplir por parte de las instituciones y laboratorios nacionales de salud pública. Adicionalmente, el flujo constante de temporaditas e inmigrantes provenientes de diferentes países sirve de vehículo para la penetración de agentes infecto-contagiosos de rápida transmisión causando la permanente incidencia y cada vez mayor, de enfermedades de gran impacto poblacional como la reciente gripe porcina AH1N1pdm09, virus cólera, Coronavirus, virus Ebola así como enfermedades virales emergentes y reemergentes.

Se requiere de un sistema de vigilancia integral para la recolección sistemática, continua, oportuna y confiable de datos sobre los agentes infecto-contagiosos que influyen en la salud de la población. La vigilancia no solo depende de mantener un sistema coordinado e integral entre todas los autores involucrados, sino también es de vital importancia disponer y manejar una base de datos de todas las cepas y los subtipos de agentes virales circulantes lo cual permitiría el desarrollo e implementación de vacunas con mayor eficiencia y especificidad; de las técnicas que se empleen para la detección eficaz de los mismos y la capacidad o volumen de procesamiento de las muestras en los Centros Nacionales de Influenza (CNI) como el INHRR. El conocimiento de estas variantes génicas de los VR circulantes.

El cambio evolutivo permanente del genoma de los agentes virales causantes de IRA, el crecimiento de la población mundial, el intercambio comercial y turístico, la globalización, la penetración humana en zonas rurales con poco acceso a servicios y el uso descontrolado de antibióticos en las salas de emergencia, son factores que incrementan en gran medida la prevalencia de las IRA a nivel mundial, consolidándose como uno de los principales enfermedades que afectan la salud de la población en general.

La caracterización molecular de los VR como MPVh, BoChs y CoVh es muy poco conocida en Venezuela. Un análisis genómico permitiría generar una base de datos con las cepas y subtipos circulantes en la población y determinar la eventual entrada de otras variantes genómicas y detectar mutaciones que pueda generar cepas más agresivas. Así mismo, generar vacunas dirigidas y tratamiento más eficaces.

En el caso de los virus influenza, anualmente los países de la región envían aislados virales al Centro de Control y Prevención de Enfermedades en Atlanta (CDC) para su confirmación, secuenciación y análisis genómico para fines del desarrollo de las vacunas específicas que serán distribuidas posteriormente. La protección contra otros virus como los PI, AdVh, VRS, MPVH, CoVH y BoVh generalmente no son incluidos en las vacunas anuales. Esto se debe a que si bien muchas investigaciones demuestran el efecto de estos virus en el desarrollo de IRA, el índice de mortalidad, morbilidad y transmisión de los mismos es muy bajo comparado con los virus Influenza.

No hay que subestimar el poder o la contribución de estos agentes en el desarrollo de IRA y la caracterización molecular de estos agentes sería el comienzo de una investigación que permita determinar las variantes más predominantes y su verdadero rol en el desarrollo de IRA en la población Venezolana de todas la edades, en especial los niños menores a 5 años, adultos mayores y pacientes comprometidos, al paso del tiempo. Con el desarrollo de este tipo de estudio se podrá cubrir la problemática de la escases de información molecular de los agentes etiológicos como MPVh, CoVh y BoVH en Venezuela, mejorar el diagnóstico diferencial de los VR en el CNI, mejorar el tratamiento de las IRA a nivel hospitalario, seguimiento de la evolución molecular y dilucidar el verdadero efecto de cada agente en el desarrollo de IRA en los pacientes referidos al INHRR.

## Infecciones Respiratorias Agudas (IRA)

Se define la infección respiratoria aguda como el conjunto de infecciones del aparato respiratorio causadas por microorganismos virales, bacterianos u otros, con un período inferior a 15 días, con la presencia de uno o más síntomas o signos clínicos como: tos, rinorrea, obstrucción nasal, odinofagia, otalgia, disfonía, respiración ruidosa, dificultad respiratoria, los cuales pueden estar o no acompañados de fiebre; desde un resfriado común o rinofaringitis aguda hasta neumonía y bronquitis. Las IRA son la primera causa de morbimortalidad en el mundo y también de consulta a los servicios de salud y de hospitalización de menores de cinco años.

Según el código de Clasificación Internacional de Enfermedades (CIE) versión 2010 (ICD-10) (Tabla n° 1) las IRA se pueden clasificar como IRA altas e IRAs bajas, donde cada una posee diferentes manifestaciones.

**Tabla N°1**: Clasificación de las IRA según OMS. Clasificación según el Consejo Internacional del Enfermedades 2010(CIE-2010)

| IRA altas | IRA bajas |
|---|---|
| Rinofaringitis aguda | Neumonía |
| Sinusitis aguda | Bronquitis aguda |
| Faringitis aguda | Bronqueolitis aguda |
| Laringitis aguda | Bronconeumonía |
| Laringitis obstructiva aguda | |
| Infecciones agudas de las vías respiratorias superiores de sitios múltiples y no especificas | |

Las IRA altas son las infecciones que afectan la nasofaringe, orofaringe, laringe, tráquea, oído y senos paranasales. Debe recordarse que la mucosa del tracto respiratorio superior es continua por lo que una infección en cualquiera de sus sectores puede propagarse hacia sus sectores inferiores. Las IRA bajas constituyen las infecciones de zonas más delicadas del sistema respiratorio como son los alveolos, bronquios, pulmones, etc. Las manifestaciones clínicas más frecuentes son neumonía, bronconeumonía, bronquitis, bronquiolitis, crup o laringotraqueobronquitis. La presencia de una u otra depende generalmente del agente etiológico involucrado en la infección y el estado inmune del huésped. En la tabla n° 2 podemos destacar los agentes etiológico y el síndrome respiratorio más frecuentemente encontrado (Tabla nº2).

Los factores asociados al desarrollo de IRA generalmente son: cambios climáticos con aparición de epidemias en épocas de mayor humedad ambiental; hacinamiento, desnutrición, contaminación del medio ambiente, uso inadecuado de antibióticos y automedicación, factores intrínsecos del huésped, sexo y edad donde las mujeres y los niños menores de 2 años parecen ser los más afectados y por último la falta de alimentación materna (Herrera y col., 2000; Carmona 2009).

Los estudios basados en cultivo viral estiman que en los países desarrollados, los bebés, niños en edad preescolar y adolescentes experimentar un promedio de 6-10 y de 3-5 infecciones virales anualmente, respectivamente (Pavia 2011). Debido a la limitada sensibilidad de métodos de cultivo, estos datos sin duda se encuentran subestimados. En la región de las Américas, las IRA se ubican entre las cinco primeras causas de defunción en menores de 5 años y representan la causa principal de enfermedad y consulta médica. Se estima que diariamente se producen 300 muertes en menores de un año producto de esta entidad. Entre los agentes etiológicos de las IRA, los virus ocupan un lugar prioritario. En un estudio multicéntrico internacional coordinado por el Board on Sciences and Technology de los Estados Unidos, se determinó que la etiología viral está presente en mayor proporción que la bacteriana, variando los porcentajes de identificación viral según el país, encontrándose entre el 17 y 44% de las IRA en niños menores de 5 años (Crow y col., 1999; Hegele y col., 1995)

**Tabla N° 2**: Infecciones del Tracto Respiratorio Inferior y su agente etiológico potencial. (Tomada y modificada de Pavia 2011)

| Síndrome | Agente Etiológico |
|---|---|
| Bronquiolitis | VRS, MPVh, PIVH, AdVH, Coronavirus, influenza virus, rinovirus, Bocavirus. |
| Exacerbaciones de Asma | VRS, MPVH, Rinovirus, Adenovirus, PIVH, CoVH, Influenza virus, Bocavirus, *C. pneumoniae*, *M. pneumoniae*. |
| Crup | PIVH, Influenza virus, Adenovirus. |
| Neumonía | Influenza virus, PIVH, Adenovirus, VSR, MPVh, *S. pneumoniae*, *M. pneumoniae*, *S. pyogenes*, *S. aureus*. |
| Neumonitis en receptores de trasplantes | VSR, PIVH, Influenza, MPVH, Adenovirus, Rinovirus. |

Leyenda: VRS: Virus Respiratorios sincicial, PIVH: Parainfluenza virus humano, AdVh: Adenovirus humano, MPVH: Metanepmovirus humano.

En Venezuela, el último boletín epidemiológico del Ministerio del Poder Popular para la Salud (MPPS) referido a la semana 52 del año 2015, las IRA representan la principal enfermedad de denuncia obligatoria con 170.414 casos (69,38%), con un aumento de 4,6% con respecto al año anterior. La tasa de incidencia más elevada se observa en la población menores de 7 años donde se observó una tasa por cada 100.000 habitantes de 1913,69 (MPPS 2015 Boletín Epidemiológico, semana 52-2015).

Recientemente, el papel de los VR en las IRA bajas en los adultos mayores ha tomado importancia. Los síndromes de IRA baja incluyen bronquiolitis, exacerbaciones de asma o sibilancias, crup y neumonía (Tabla n° 2) (Jartti y col., 2011). Aunque en las definiciones de cada caso existe una superposición entre los síndromes, algunos VR están más fuertemente asociados a síndromes específicos de IRA bajas mencionados y han demostrado ser los causantes de cada síndrome particular (Pavia 2011; Jartti y col., 2011).

Siete virus se han considerado como sospechosos habituales de IRA y se han comprobados en muchos estudios: el Virus Respiratorio Sincicial (VRS), Virus de Influenza A (VIA) y Virus de Influenza B (VIB); Parainfluenza virus humano (PIVH) y Adenovirus humano (AdVH). En la última década, por lo menos 6 nuevos virus más asociados con IRA altas y bajas han sido identificados, incluyendo MPVh, el Síndrome Agudo Respiratorio Severo de Coronavirus (CoVH-SARS), los CoVH-NL63 y HKU1, PIV- 4, y BoVh (Nichols y col., 2008, Debbiagy y col., 2012).

El virus influenza es el de mayor importancia médica seguido por el VRS (Pavia, 2011). Las IRA pueden ser causadas también por otros agentes virales como adenovirus, Parainfluenza, rinovirus, hantavirus, coronavirus, MPVH entre otros; este último, desde su identificación en el año 2001 (van den Hoogen BG y col., 2001), ha tenido un gran impacto como agente causal de infección respiratoria en el niño; pero en Venezuela no se ha estudiado.

El AdVH representa un 5 a 20% de las IRA en niños (Pavia, 2011). Su presentación clínica incluye desde la fiebre faringe-conjuntival hasta neumonía y en algunos casos puede dejar secuelas pulmonares graves como la bronquiolitis obliterante. Se han identificado 49 serotipos patógenos en el ser humano.

El PIVH, desde su identificación en el año 1958 se ha clasificado en 4 tipos; los tipos 1 y 2 se asocian con el crup y el tipo 3 causa bronquiolitis y bronconeumonía en los lactantes (Pavia, 2011). El VRS tiene alta prevalencia en infección del tracto respiratorio bajo, causa bronquiolitis y neumonía en niños siendo su mayor incidencia en menores de 1 año (Collins y col., 1996).

Los rinovirus presentan una gran variabilidad genética y se han descrito más de 200 serotipos diferentes. Causan infección del tracto respiratorio superior; el rinovirus 16 es el principal causante del resfriado común. Cerca del 50% de las recaídas en los asmáticos son debidas a infección de la vía respiratoria alta; de ellas, un 60% son causadas por rinovirus (Couch y col., 1996). El MPVh es un agente causal de infección del tracto respiratorio en niños recientemente identificado, con un espectro clínico parecido al VSR (Ditt y col., 2011). Por su parte, los CoVHs han alcanzado gran interés por los investigadores desde la pandemia ocasionada por CoVH-SARS que sorprendió a la comunidad en general por las manifestaciones de IRA bajas que provocaban. El CoVH relacionado con el SARS ha sido denominada “la primera pandemia del nuevo siglo”, no ha sido demostrado en Venezuela, y en Latinoamérica solo se han reportado casos aislados e importados en Brasil.

El BoVh ha sido el VR más recientemente descrito causante de IRA (Allender y col., 2005) especialmente en niños. La detección de nuevos VR ha sido gracias a las técnicas de biología molecular de amplificación de los genomas virales (PCR) y han resultado ser el método más sensible según la mayoría de los trabajos reportados en la literatura hasta el momento.

La expresión clínica de los virus respiratorios en los niños, tienen características similares. En menores de 1 año y pacientes inmunocomprometidos se presentan con mayor frecuencia las formas graves, pudiendo ser potencialmente mortal. Esto demuestra la necesidad imperiosa de contar con métodos de diagnóstico virales sensibles, específicos y rápidos para esta población tan susceptible, lo cual permitiría una intervención oportuna para la orientación terapéutica y prevención de epidemias. Adicionalmente, estudios de caracterización molecular y análisis filogenético de VRs han descubierto un alto número de variables genéticas circulantes en poblaciones de diferentes edades y condiciones de vida a nivel mundial. En Venezuela, se hace necesario y oportuno realizar investigaciones de este tipo que generen datos valiosos de los VRs para contribuir a consolidar los aspectos ya mencionados.

Metapneumovirus Humano (MPVh)

El MPVH es un nuevo virus de la familia Paramyxoviridae, subfamilia Pneumonidae y género Neumovirus, aislado por primera vez en 2001 de muestras de aspirado nasofaríngeo de niños Holandeses (van den Hoogen y col., 2001; García y col., 2004; Williams y col., 2005; Chang y col., 2010; Konig y col., 2004; Toda y col., 2010; Janseen y col., 2010; Abara 2006; Bonroy y col., 2007; Kuypers y col., 2005; Gioula y col., 2010). Desde su descubrimiento, el MPVH ha sido asociado a IRA tanto del tracto respiratorio alto como bajo, en muchos países del mundo con ambos genotipos A y B circulando simultáneamente (MPVHA y MPVHB) (Agapov y col., 2006; van den Hoggen y col., 2004).

El MPVH posee un genoma de ARN de hebra simple sentido negativo no segmentado, que carece de los genes codificadores de proteínas NS1 y NS2. El genoma de ARN incluye 8 genes que codifican para 9 proteínas diferentes. MPVH es idéntico en el orden de genes que el Pneumovirus aviar (MPVa), que también pertenece al género Metapneumovirus (Agapov y col., 2006; van den Hoggen y col., 2004). El genoma que codifica las proteínas N (nucleoproteína), P (fosfoproteína) y L (Large) conforman la nucleocápsula helicoidal, envuelta por un manto constituido por una bicapa lipídica de la membrana plasmática de la célula huésped, en la cual se insertan 3 glicoproteínas: adhesión (G), fusión (F) e hidrofílica pequeña (SH). Las dos primeras constituyen las espículas en la superficie del virión y participan en la formación de sincicios. En la cara interna de la membrana las glicoproteínas interactúan con la proteína de la matriz (M). La proteína L se considera ARN-polimerasa viral y requiere para funcionar de la presencia de la proteína N y P (Figura n° 1) (Abara, 2006; Cox y Williams, 2013)

Ambos genotipos de MPVH pueden cocircular al mismo tiempo, pero durante una epidemia, un genotipo suele dominar. Dentro de cada uno de estos subgrupos se designan dos clados (designados A1, A2, B1 y B2) (Agapov y col., 2006; van den Hoggen y col., 2004). Esta clasificación se basa principalmente en la variabilidad de la secuencia de las proteínas de unión (G) y de fusión (F), ambas glicoproteínas de superficie. La proteína altamente conservada F constituye un determinante antigénico que condiciona y neutraliza el linaje cruzado y brinda protección. En 2006, dos grupos adicionales, A2a y A2b, fueron descritos, pero esta división adicional se basa en datos limitados y no ha sido confirmada por otros grupos. Además, no se ha demostrado todavía la importancia clínica de estos subgrupos de MPVh (Nidaira y col., 2012; Cox y Williams, 2013).

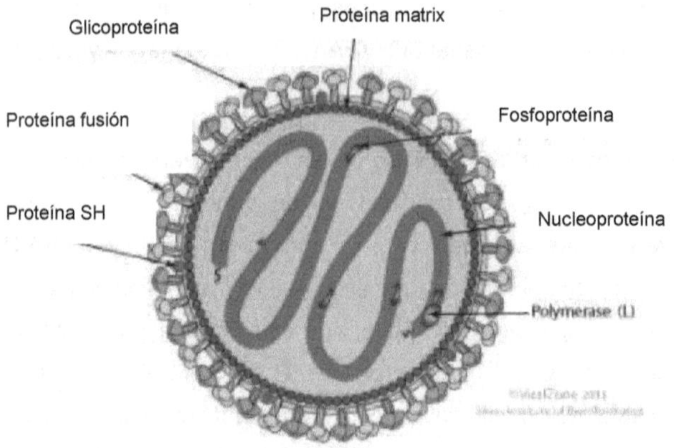


Virus envuelto, esférico. Diámetro de 150 nm.

**GENOMA**

Genoma de ARN cadena sencilla sentido negativo (ssARN-), alrededor de 13 kb. Codifica para 8 proteínas.

**Figura n° 1:** Estructura del virión y el genoma de MPVH (Tomada y modificada http://viralzone.expasy.org)

El MPVh es un patógeno respiratorio ubicuo que ha estado circulando sin detectarse en poblaciones humanas durante décadas, esto ha sido demostrado por la presencia de anticuerpos específicos en sueros humanos almacenados desde la década de 1950 (van den Hoogen y col., 2001) y por el hecho de que se ha detectado por RT-PCR en muestras de pacientes almacenadas desde 1976. El análisis filogenético de secuencias de genes múltiples del genoma de MPVh sugiere que los mismos divergieron hace 200-300 años (de Graaf y col., 2008).

Replicación

La infección por MPVh se inicia por las glicoproteínas de superficie virales que se unen a receptores celulares y median la fusión del virus con la membrana de la célula blanco. La mayoría de los Paramixovirus utilizan dos glicoproteínas virales para facilitar la entrada del virus, la proteína de ataque o anclaje llamada HN (H o G dependiendo del virus), y una proteína de fusión (F). Sin embargo, el MPVh podría utilizar tres proteínas que participan en su entrada a la célula, que son F, HS y G. El modelo propuesto para la entrada del MPVh es un proceso gradual donde: 1) la proteína de unión G se une a los receptores celulares, 2) luego interactúa directamente con F y le transmite una señal, 3) la proteína F se activa mediante un cambio conformacional estructural, 4) F se repliega desde una forma estructural pre-fusionada a una forma post-fusionada, dando como resultado la fusión de la membrana viral con la membrana plasmática y 5) luego que penetran al citoplasma pierden la cubierta de la nucleocápside liberando su ARN en el citoplasma a partir del poro de fusión creado en la superficie celular (Cox y Williams, 2013).

La síntesis de ARN se realiza en el citoplasma, mediante una ARN polimerasa dependiente de ARN. Se sintetiza, por un lado, el ARNm que codificará las proteínas virales, por otro lado este ARN sirve de molde para copiar el ARN genómico que será rodeado por las proteínas N. Durante el ensamblaje y maduración de los nuevos viriones, las N se ubican en zonas cercanas a la membrana celular que se modifica por acción viral y expresa glicoproteínas de origen viral que dan lugar a los fenómenos de hemadsorción, hemaglutinación y/o fusión celular, con la típica formación de sincicios. Los nuevos viriones salen por gemación arrastrando la envoltura celular. El virión de

MPVH es similar a otros Paramixovirus. La bicapa lipídica viral se derivada de la membrana plasmática de las células infectadas al momento que los viriones brotan de la superficie de la célula infectada. En la replicación la proteína F sirve tanto para unirse a los receptores celulares como para mediar la fusión, y la proteína G se requiere para la plena virulencia (Cox y Williams, 2013).

## Epidemiología

MPVh se distribuye por todo el mundo y tiene una distribución estacional comparable a la de los virus de Influenza y VRSH. Tiende a incrementarse con picos a finales de invierno y principios de primavera. En niños pequeños, el MPVh es la segunda causa más frecuente de IRA baja después de VRSH, presentando las tasas más altas de infección en esta edad y una seroprevalencia de casi del 100% (Agapov y col., 2006; van den Hoggen y col., 2003; Esper y col., 2004).

La infección por MPVh tiene un periodo de incubación de 5-6 días, se presenta en brotes que parecen coincidir con el VRSH, sin predilección por el sexo. Muy rara vez se demuestra presencia del virus en asintomáticos (Williams y col., 2006). La infección por el virus puede repetirse pues la primo infección no deja protección inmunológica completa, debido a la heterogeneidad del genoma y además existen como mencionados dos tipos de MPVh (Abara 2006). La tasa de infecciones por MPVh en adultos varía entre el 3%-7,1%, asemejándose al VRSH (5,5%) y a Influenza A (2,4%). En adultos hospitalizados varía de año a año entre 4,3% -13,2%. En general el MPVh infecta tanto lactantes y niños como adultos y ancianos, en cualquier situación clínica que se encuentren (Agapov y col., 2006; van den Hoggen y col., 2003; Esper y col., 2004). Se distribuye en todo el mundo y las tasas de infección, hospitalización y síntomas clínicos se asemejan mucho a las del VRSH y al IVH (Abara 2006; Janssen y col., 2010).

## Patogenicidad

El MPVh está asociado con infecciones grave en los pacientes con Enfermedad Pulmonar Obstructiva Crónica (EPOC). Estudios sobre MPVh en ratones BALB/c y ratas de algodón, mostraros obstrucción de vías respiratorias y la hiperreactividad después de la infección. Inicialmente la infección con MPVh en el pulmón se caracteriza por la inflamación intersticial con alveolitis a partir del día 3 con un pico en el día 5 y, posteriormente, disminución de la inflamación. Sin embargo, después de 2-3 semanas esta se desarrolla con un infiltrado peribronquial y perivascular más prominente. Otros estudios también muestran obstrucción de vías respiratorias en ratones BALB/c después de ser infectados con MPVh con un pico en el día 5, pero persistente hasta 70 días después. Adicionalmente, la hiperreactividad significativa después de una inducción con metacolina fue observada hasta el día 70, lo que indica una inflamación prolongada después de la infección pulmonar MPVh (Daniot y col., 2009; Hamelin y col., 2005).

Darniot y col., 2009 demostraron en un modelo de ratones que la susceptibilidad a la infección por MPVh está relacionada con la edad. Los ratones de edad avanzada muestran una enfermedad y mortalidad más severa en comparación con ratones jóvenes. Además, se observaron niveles más bajos de anticuerpos específicos del virus e Interferón gamma con un aumento significativo de IL4 y linfocitos CD4 +, en ratones envejecidos después de la infección con MPVH. Esto sugiere un papel importante para la respuesta inmune celular en el control de la infección por MPVH.

Los anticuerpos neutralizantes están presentes en todos los grupos de edad en los seres humanos y las capacidades neutralizantes son altas, con una disminución menor para individuos de más de 69 años de edad. Por lo tanto surgió la hipótesis de que la respuesta celular tiene un papel más importante en la facilitación de la infección MPVh que la respuesta inmune humoral (Lusebrink y col., 2010). Los resultados de otro estudio apoyan esta hipótesis. Falsey y col. 2010, encontraron mayores niveles de anticuerpos séricos, mayor respuesta en la unión del anticuerpo y mayor respuesta de anticuerpos neutralizantes en los adultos mayores, en comparación con los adultos más jóvenes con infecciones con la misma gravedad por MPVh, lo cual sugiere una desregulación inmune en pacientes de edad avanzada con una infección por MPVH (Sastre y col., 2012).

Manifestaciones clínicas

Desde su primera identificación en 2001, el MPVh se ha aislado de individuos de todas las edades con IRA bajas y altas en todo el mundo. Prácticamente, todos los niños mayores de cinco años muestran un 100% de serológica positiva a MPVH. Alrededor del 12% de todas las infecciones de las vías respiratorias en los niños son causadas por MPVh, sólo superada por VRSH. El MPVh también representa el 10% de todas las hospitalizaciones de pacientes ancianos con infecciones de las vías respiratorias y se ha aislado en temporada de invierno a partir de muestras respiratorias, tan a menudo como PIV (Cox y Williams, 2013).

Las características clínicas asociadas con MPVH en niños son similares a los del VRSH: fiebre, tos, taquipnea, sibilancias y la hipoxia se observan con frecuencia en los niños infectados. Las radiografías de tórax muestran infiltrados focales y manguitos peribronquial. Muchos niños tienen un síndrome clínico consistente con bronquiolitis (Abara 2006).

Estos hallazgos sugieren que las poblaciones de niños propensos a enfermedad severa por VRSH pueden ser también propensas a la enfermedad por MPVh. Aunque el VRSH y MPVh comparten características clínicas similares, MPVH induce un espectro diferente de mediadores inmunes, lo que sugiere que las respuestas de las células anfitrionas y probablemente la patogénesis de la enfermedad pulmonar sean específicas para cada virus (Williams y col., 2005; Cox y Williams, 2013).

En ocasiones, la infección por MPVH no se puede distinguir de otros virus respiratorios desde el punto de vista clínico. Los pacientes adultos con infección por MPVH pueden ser asintomáticos o pueden tener síntomas leves a neumonía. La mayoría de los pacientes se presentan con tos, congestión nasal y disnea. Tos purulenta, jadeo, dolor de garganta, fiebre, neumonía, bronquitis, conjuntivitis y otitis media son otros síntomas reportados (Albuquerque y col., 2012). Una infección por MPVH en un adulto inmunocompetente se presenta como una enfermedad similar a la mononucleosis (Johnstone y col., 2008, Falsey y col., 2003). Los adultos mayores con infección por MPVH presentan pocas veces fiebre, en contraste con los adultos con infección por VRSH o VIH. Pero presentan más a menudo más sibilancia. Esto se debe principalmente a la población de edad avanzada (> 65 años) (Falsey y col., 2003). Otro estudio también mostró una disnea mayor en comparación con los adultos jóvenes que presentan mayores grados de ronquera. En pacientes ancianos, los pacientes con enfermedades pulmonares o cardiovasculares y los pacientes inmunodeprimidos, las infecciones pueden ser mas graves (Jartti y col., 2011).

Los exámenes de laboratorio pueden mostrar linfopenia, neutropenia y elevación de las transaminasas. Estudios sobre imágenes con rayos X y tomografía computarizada (TC) muestra inicialmente signos de neumonía intersticial aguda que se convierten en signos de bronquiolitis/bronquitis (engrosamiento de la pared bronquial) (Kamboj y col., 2008; Syha y col., 2012).

El diagnóstico de la infección por MPVH puede hacerse mediante varias técnicas, incluyendo el cultivo, las Pruebas de Amplificación de Ácidos nucléicos (PAAN), detección de antígeno y pruebas serológicas. El cultivo de virus es relativamente difícil, porque MPVH crece lentamente en cultivo celular convencional y tiene leves efectos citopáticos (Bonroy y col., 2007).

La detección de ARN viral por PAAN tales como la Transcriptasa Inversa-PCR (RT-PCR) es el método más sensible para el diagnóstico de la infección por MPVH (Bonroy y col., 2007). Métodos para la detección de antígenos de MPVH, tales como el ELISA no se utiliza comúnmente. No hay ensayos inmunocromatográficos comerciales. La Inmunofluorescencia (IF) presenta una sensibilidad menor que la de RT-PCR y necesita ser validada antes de su uso. Detección de la respuesta inmune contra el virus por pruebas serológicas sólo se utiliza para estudios epidemiológicos. Una de las desventajas de la serología es el hecho de que el intervalo entre la propagación del virus y detección específica de anticuerpos IgM e IgG de MPVH es relativamente largo. Sin embargo, un enfoque combinado de serología y RT-PCR ha añadido un valor en el diagnóstico de las infecciones por MPVH en el caso de un brote, por ejemplo, en centros de atención a largo plazo (Bonroy y col., 2007).

## Coronavirus Humano (CoVH)

El primer miembro de la familia de los coronavirus se descubrió en la década de 1930. Sin embargo el coronavirus ganó notoriedad particularmente cuando el Síndrome Respiratorio Agudo Severo (SARS) sacudió al mundo en el período 2002-2003 (Woo y col., 2009). Antes de ganar importancia para la salud pública en 2003, las enfermedades asociadas con coronavirus son principalmente de interés veterinario. Los coronavirus infectan a una amplia variedad de mamíferos y aves, causando enfermedades respiratorias y entéricas y, en algunos casos más raros, hepatitis y enfermedades neurológicas. La infección puede ser aguda o persistente (Woo y col., 2012).

Después de la epidemia de SARS, hasta diciembre de 2008, 16 genomas completos de coronavirus fueron secuenciados. Entre ellos dos coronavirus humano de distribución mundial, el coronavirus humano 229E (CoVh-229E) y el coronavirus humano OC43 (CoVh-HKU1) (Tabla n°3), otros 10 coronavirus de mamíferos, coronavirus murciélagos del SARS (bat-SARS-CoV), coronavirus murciélagos (bat-CoV) HKU2, bat-CoV HKU4, bat-CoV HKU5, bat-CoV HKU8, bat-CoV HKU9, bat-CoV 512/2005, bat-CoV 1A, Coronavirus Equino y Coronavirus de Ballena Beluga (SW1) y cuatro coronavirus aviar, coronavirus de pavo (TCoV), coronavirus bulbul HKU11, (Bucov HKU11), coronavirus tordo HKU12 (ThCoV HKU12), y coronavirus munia HKU13 (MuCoV HKU13). Además, dos nuevos subgrupos en el grupo 2 (betacoronavirus) y dos nuevos subgrupos en el grupo 3, grupos 3b y 3c, (gammacoronavirus) (Tabla N° 3) (Belouzard y col., 2012).

## Taxonomía y Nomenclatura

Los coronavirus se clasifican en cuatro géneros diferentes, históricamente basado en el análisis serológico y actualmente en estudios genéticos: alfa (o grupo 1), beta (o grupo 2), gamma (o grupo 3) y delta-CoV. Los Coronavirus pertenecen a la subfamilia Coronavirinae que junto con Torovirinae forma la familia Coronaviridae en el orden Nidovirales. Actualmente se han clasificado en cuatro géneros distintos Alphacoronavirus, Betacoronavirus, Gammacoronavirus y Deltacoronavirus (McIntosh 1996).

Estructura y Morfología

Los coronavirus son virus con envoltura, esféricas o pleiomorficos, con tamaños típicos que van desde 80 a 400 nm. Poseen una cadena sencilla de ARN sentido positivo, con una longitud entre 26,2 y 31,7 kb. Es el más largo entre todos los virus de ARN. El genoma se compone de seis a diez Marcos de Lectura Abiertos (del inglés Open Redding Frame (ORF)). El primer ORF comprende dos tercios del genoma y codifica la proteína replicasa, mientras que el último tercio contiene los genes de las proteínas estructurales en un orden fijo: HE-S-E-M-N (Figura 2A) (Woo y col., 2013). El genoma se empaqueta en una nucleocápside helicoidal rodeado por una bicapa lipídica derivada de la célula hospedera. La envoltura del virión contiene al menos tres proteínas virales, la proteína de anclaje o Spike glicoproteína (S), la proteína de membrana (M) y la proteína de envoltura (E) (Figura 2B). Además, algunos coronavirus también contienen una hemaglutinina-esterasa (HE). Considerando que las proteínas M y E están implicadas en el ensamblaje del virus, la proteína "S" es el mediador principal de la entrada viral y la que determinan la gama de huésped que infecta el virus (McIntosh 1996, Belouzard y col., 2012).

Replicación

Todos los coronavirus siguen la misma estrategia básica de la replicación. Los coronavirus codifican entre 15 y 16 proteínas afines al complejo de replicación, entre 4 y

5 proteínas estructurales y entre 1 y 8 proteínas grupo de proteínas específicas o accesorios. Muchas de las proteínas del complejo se ensamblan en maquinaria de replicación en las vesículas de doble membrana y en la red reticular de membranas que se derivan del retículo endoplasmático. La entrada del virus a la célula blanco depende de las proteínas de superficie (Perlman y Netland y col., 2009, Belouzard y col., 2012).

La membrana viral es inusualmente gruesa, debido a que la región C terminal de la proteína M forma una capa interna adicional. La traducción comienza en ORF1a y ORF1b. Los polipéptidos grandes ORF1a y ORF1ab, comúnmente conocida como pp1a y pp1ab, se procesan principalmente por la proteasa tipo quimotripsina 3 CL pro codificada por el virus (también llamada Mpro o proteasa principal), con una escisión adicional realizada por una o dos proteasas tipo papaína virales (PLP). El resto del genoma viral (1/3 restante) codifica cuatro proteínas estructurales: S, E, M y proteínas de la nucleocápside (N). Algunos CoVs del grupo 2 (Betacoronavirus) codifican una hemaglutinina-esterasa adicional (HE). La proteína HE, puede estar implicada en la entrada o la salida del virus, no se requiere para la replicación, pero parece ser importante para la infección del huésped natural (Perlman and Netland y col., 2009).

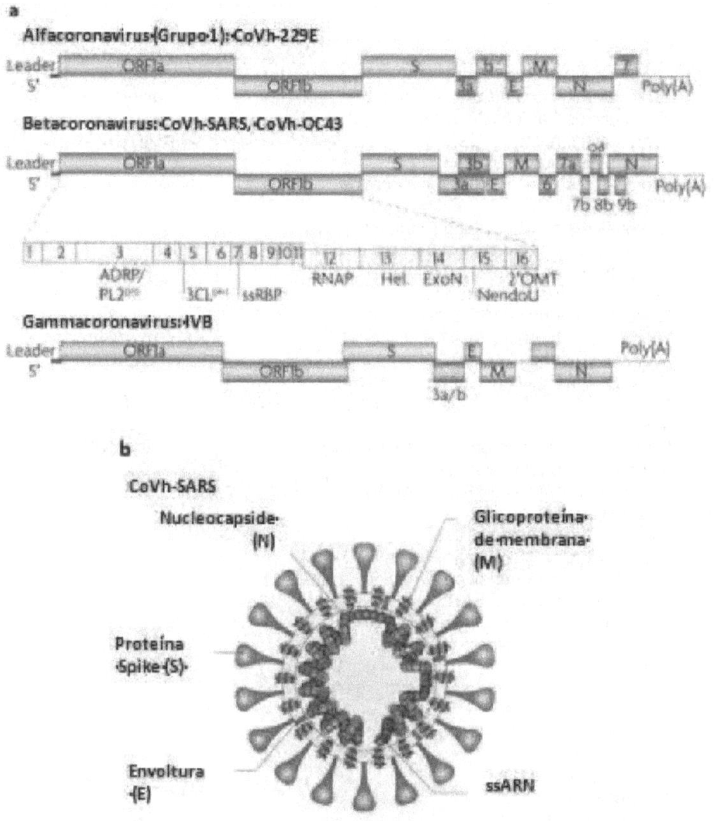


**Figura n° 2**: Estructura del genoma de coronavirus y del virión. (A) Diagrama esquemático de genomas representativos de cada uno de los géneros de coronavirus. Los primero 2/3 del ssARN+ (27 a 31 Kb) codifica una poliproteína grande (ORF1a/b de color verde) que se escinde proteolíticamente para generar 15 o 16 proteínas no estructurales (NSP) (se ilustran las NSP para SARS-CoVh). El restante 3' 1/3 del genoma codifica cuatro proteínas estructurales; Spike (S), Membrana (M), Envoltura (E) y la Nucleocápside (N) (azul) junto con una conjunto de proteínas accesorias única para cada especie de virus (rojo) Algunos Betacoronavirus expresan una proteína estructural, la hemaglutinina-esterasa (HE) adicional (no mostrado). **(B)** Diagrama esquemático del virión de coronavirus. (Belouzard y col., 2012; Perlman and Netlan 2009)

**Tabla N°3**: Distintos géneros de CoVH, las especies representativas y el receptor usado en el huésped (Belouzard y col., 2012)

| Género | Especie | Receptor |
|---|---|---|
| Alfa corinvirus | Alfacoronavirus 1 comprenden:<br>*Coronavirus felino (FCoV) serotipo 2<br>*Coronavirus Canino (CCoV) serotipo 2<br>*Coronavirus humano 229E<br>*Coronavirus humano NL63<br>*Coronavirus de la diarrea Porcina Epidémica (PEDV)<br>*Coronavirus de Murciélago Rinolopus (HKU2)<br>*Coronavirus de Murciélago Escotofilus 512/05<br>*Coronavirus de Murciélago Miniópteros 1 | *Aminopectidasa N (APN)<br>*ACE 2 |
| Beta coronavirus | Betacoronavirus 1 comprenden:<br>*Coronavirus Bovino (BCoV)<br>*Coronavirus humano OC43<br>*Coronavirus Equino (ECoV)<br>*Coronavirus Entérico Humano (HECoV)<br>*Virus de la Encefalomielitis Hemaglutinante Porcino (PHEV)<br>*Coronavirus Respiratorio Canino (CrCoV)<br>*Coronavirus murino comprenden:<br>-Virus de la hepatitis de Ratón (MHV)<br>-Coronavirus de Rata<br>*Coronavirus Humano HKU9<br>*Coronavirus de Murciélago Rousettus HKU4<br>*Coronavirus de Murciélagos Tilonicteris HKU5<br>*Coronavirus Humano SARS<br>*Coronavirus de Murciélago Rinolopus | *Neu 5,9 ACE-2<br>*CEACAM 1<br>*ACE2<br>*DC/L-SING<br>*DPP4 |
| Gamma coronavirus | Coronavirus aviar comprenden:<br>*IVB<br>*Coronavirus que infectan pavo, ganso, pato y paloma.<br>Coronavirus de Ballena Beluda SW1 | *Acido sialico<br>*DC/L-SIGN |
| Delta coronaviru s | *Coronavirus HKU11<br>*Coronavirus HKU12<br>*Coronavirus HKU13 | Desconocido |

Los receptores de unión a las célula de los coronavirus han sido identificados (Tabla N° 3). El uso de un receptor u otro influye en el tropismo de cada tipo de CoVs. Varios Alfacoronavirus utilizar aminopeptidasa N, en consonancia con su tropismo del tracto respiratorio y entérico. CoVH-SARS, entra en las células anfitrionas a través de una interacción de la proteína S humana con la enzima convertidora de la angiotensina 2 (ACE2). Sorprendentemente, CoVH-NL63, que causa la enfermedad relativamente leve, también utiliza ACE2, aunque se une a una parte diferente de la proteína que el

CoVH- SARS. ACE2 parece tener un papel protector en el pulmón inflamado pero la unión de la proteína S de CoVH-SARS contribuye a la gravedad de la enfermedad (Abdul-Rasoo y Fielding, 2010).

**Tabla N°4:** Receptor, fecha de descubrimiento y divergencia, tipos de células infectadas y patología de los Coronavirus que infectan humanos (Gralinski y Baric, 2015)

| Virus | Receptor | Fecha estimada de descubrimiento y divergencia | Tipo de células que infecta | Tipo de patología |
|---|---|---|---|---|
| OC43 | Desconocido, acido siálico y HLA clase 1, aminopeptidasa N | Divergió del Coronavirus bovino (BCoVh) en 1890 | Células ciliares de vías aéreas, macrófagos en cultivo y células neuronales | Infecciones de vías respiratorias altas, neumonía, infecciones gastrointestinales |
| 229E | Aminopeptidasa N | Divergió entre 1700-1800, divergencia del NL63 en el siglo XI. | Células no ciliares de las vías respiratorias, monocitos humanos y células nerviosas. | Infecciones de vías respiratorias altas, neumonía, infecciones gastrointestinales |
| NL63 | Ace2 | Descubierto en 2004, divergió entre 1200-1500. | Células epiteliales de las vias respiratorias | Infecciones de vías respiratorias altas, asociado a crup en niños. |
| HKU1 | Desconocido | Descubierto en 2005 | Células epiteliales de las vías respiratorias | Infecciones de vías respiratorias altas, neumonía, síntomas entéricos. |
| SARS | Ace2, DC-sing | Emergió en 2002, fecha estimada de divergencia entre 1989-2002 | Células epiteliales, células ciliadas, nuemocitos tipo II | Infecciones de vías respiratorias bajas, neumonía, |
| MERS | DPP4 | Emergió en 2012, ancestro común entre 2011-2012. | Células epiteliales de las vías aéreas, célulasde epitelio renal células dendríticas. | Infecciones de vías respiratorias bajas, neumonía, fallo renal. |

En cuanto a los Coronavirus que infectan únicamente a los humanos tenemos en total 6. Cada uno de ellos con sus características específicas incluyendo el año de descubrimiento, receptor, tropismo y patogenisidad (Tabla N°4) (Gralinski y Baric, 2015)

Bocavirus Humano (BoVH)

El Bocavirus Humano (BoVH) fue descubierto en 2005, en Suecia por Allander y sus colegas mediante el uso de técnicas moleculares. Los estudios a nivel mundial demuestran una prevalencia de infección por BoVH que va de 2 a 21,5%, principalmente en niños menores de 3 años de edad en la que ha sido asociado con IRA altas y bajas (Allander y col., 2012).

En un estudio de Noruega, el BoVH se detectó en el 12% de los niños con IRA y fue el cuarto agente etiológico viral más común después de VRS, RNH y MPVH. Recientemente, en niños con neumonía confirmada radiográficamente, en los que se analizaron 17 virus respiratorios durante la fase aguda de la enfermedad, el virus más frecuentemente detectado fue el BoVH después el VRSH seguido del RVH. Desde el descubrimiento de BoVH (BoVH st1), otros tres Bocaviruses relacionados (BoVH st2, st3 y st4) han sido identificado en muestras de heces y asociada con enfermedades gastrointestinales (Moreno y col., 2009).

Los estudios serológicos en BoVH están en línea con los datos moleculares. Los estudios serológicos han demostrado que la presencia del ADN de BoVH en las vías respiratorias no es prueba de una infección primaria aguda. Estos datos son también apoyados por estudios en muestras respiratorias mostrando que el ADN de BoVH puede persistir durante varios meses en el tracto respiratorio (Lüsebrink y col., 2009). La diseminación viral prolongada podría explicar los hallazgos en donde el ADN viral se observó con mayor frecuencia en asintomáticos que en pacientes con síntomas respiratorios. Las infecciones BoVH tienden a asociarse con altas tasas de coinfección con otros patógenos virales, tales como RVH, AdVH, VRSH, así como con bacterias tales como *Streptococcus* spp y *Mycoplasma pneumoniae* (Debiaggi y col., 2012)

Las características de persistencia y alta frecuencia de coinfecciones han dado lugar a un debate sobre su papel como un verdadero patógeno. Actualmente sugieren que el BoVH es en muchas ocasiones un patógeno pasajero y en otras un agente patógeno causante de IRA. Un estudio realizado por (Allander y col., 2012) sugiere que las infecciones agudas por BoVH se asocian con la presencia de ADN viral en la sangre de los pacientes y que el mismo se encuentra con mayor frecuencia durante los síntomas agudos que después de la infección. Además, una alta carga y viremia de BoVH se asocia con síntomas del tracto respiratorio, mientras que una carga viral baja en nasofaringe no está asociada a una clínica de IRA. Otros estudios confirman que BoVH es la causa más probable de enfermedad de las vías respiratorias si el paciente presenta alta viremia en el aspirado nasofaríngeo (Lüsebrink y col., 2009). Sin embargo, a pesar de estas evidencias cada vez es más evidente que BoVH es un patógeno respiratorio importante (Moreno y col., 2009).

## Taxonomía y Nomenclatura

El BoVH es un miembro putativo de la familia Parvoviridae, subfamilia Parvovirinae, género Bocavirus. Antes de la identificación de BoVH, el parvovirus B19 del género Eritrovirus era el único patógeno humano conocido en la familia de los Parvovirus. Las manifestaciones de la infección por parvovirus B19 son generalizadas y varían con el estado inmunológico y hematológico del huésped (Debiaggi y col., 2012).

En base a su estructura genómica y similitud de secuencia de aminoácidos compartida con dos miembros del mismo género Parvovirus, el Parvovirus Bovino (BPV) y el Virus Minuto Canino (MVC), el BoVH fue clasificado como BoCavirus (de Bovina y Canino. Recientemente, un segundo Bocavirus humano ha sido identificado, BoVH2, con 75,6% de similitud de nucleótidos para BoVH. BoVHs2 se encontró en las muestras de heces de los niños de Pakistán, así como en muestras de Edimburgo (1 de las 3 muestras positivas fueron encontradas un paciente > 65 años de edad), lo que indica que BoVH no se limita a una región en particular ni a una edad (Debiaggi y col., 2012).

Estructura y Morfología

Los Parvoviridae son pequeños virus sin envoltura. Las nucleocápsidas isométricas con diámetros de 18 a 26 nm contienen una sola molécula lineal de ADN monocatenario sentido negativo o de sentido positivo, con un tamaño promedio de 5.000 nucleótidos (Hagemeijer y col., 2012) (Figura nº3).

El genoma completo de BoVH todavía no se ha determinado. Hasta hoy, al menos 5.309 nucleótidos fueron identificado (GenBank adhesión Número UE984244). El genoma de otros parvovirus están flanqueadas por estructuras de horquilla palindrómicas esenciales para la replicación del ADN y se puede suponer que esto también ocurre en BoVH. Tres ORF son encontrados en el genoma de BoVH. Un ORF codifica una proteína no estructural (NS1) y un segundo al menos dos proteínas de la cápsida (VP1 y VP2). El tercer ORF codifica para una proteína no estructural (NP1). La función de NS1 es desconocida. En MVC y el Virus Pequeño de Ratón, NS1 es una proteína multifuncional, esencial para la replicación de ADN viral. Sin embargo, para NS1 de parvovirus B19, se ha descrito participación en la apoptosis, en la detención del ciclo celular y la trans-activación de genes celular. NP1 está ausente en otros parvovirus y la función también es desconocida para BoVH. Se sabe que en MVC, NP1 desempeña un papel esencial en replicación del ADN (Lüsebrink y col., 2009).

Estudios de alineación mostraron que variaciones de aminoácidos aparecen principalmente en los genes de la proteínas de la cápside, mientras que NS1 y NP1 representan las regiones más conservadas del genoma de BoVH, reflejando el carácter inmunogénico de las proteínas asociadas al Virión (Hagemeijer y col., 2012).

Epidemiología

Después de la primera descripción del BoVH, se ha informado de varios países, apuntando a una endemicidad de todo el mundo. Los BoVH han sido identificados en Europa, Asia, Australia, África y Estados Unidos. Hasta ahora, se sabe que los BoVH existen como un único linaje con dos genotipos diferentes. La prevalencia de BoVH presenta un rango entre el 1,5 al 21,5%. La infección primaria con BoVH parece ocurrir a temprana edad de la vida de los niños, entre las edades de 6 y 24 meses. Pero también los niños mayores de esa edad pueden infectarse. Los recién nacidos pueden estar protegidos por los anticuerpos provenientes de la madres. Las IgG-BoVHs es capaz de atravesar la placenta y llegar al feto, pero no queda claro si se produce una transmisión vertical materno-fetal. Las infecciones por BoVH rara vez se encuentran en los adultos (Hagemeijer y col., 2012).

**VIRION**

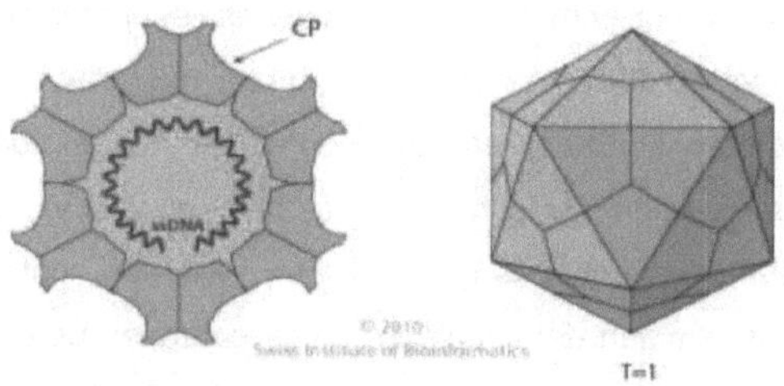


Virus no envuelto, redondo, simetría icosahédrica T=1. 21-22 nm de diámetro. La cápside consiste en 60 copias de la proteína CP

**Genoma**

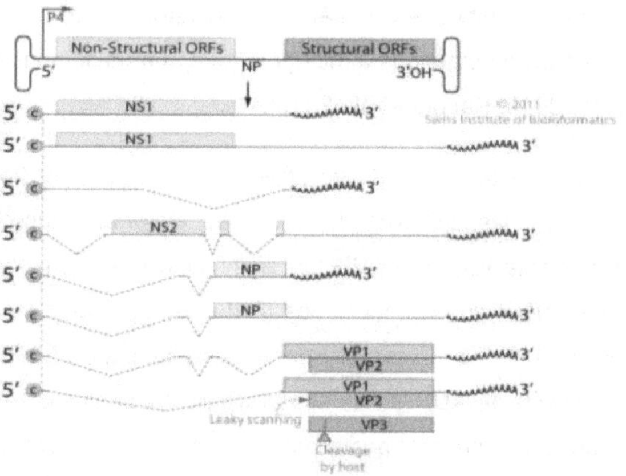


Fi[g] ... omado y
ad. ... do de
htt

lonantes de

sa ... o en
lo[s] ... za a

Genoma de ssADN lineal, cerca de 5,5kb de largo, hebras negativas son predominantemente encapsuladas. ORF para las proteínas estructurales y no estructurales son localizadas en la misma hebra de ADN.

aumentar en los niños y niñas de 5 a 10 años, indicando además que la primera infección con BoVH ocurre en los primeros años de vida. Una distribución estacional del virus aún no ha sido claramente demostrada. Los BoVH se ha detectado a lo largo de todo el año, con temporadas altas que varían de año a año y de estudio en estudio. Sin embargo, se han detectado principalmente en los meses de otoño e invierno.

Manifestaciones clínicas

Como los BoVH se han identificado por primera vez en muestras respiratorias, se han sugerido como un agente infeccioso del tracto respiratorio. La mayoría de los estudios siguientes, de hecho, detectan al BoVH en niños con IRA. Los síntomas clínicos principalmente descritos conjuntamente con una infección por BoVH son sibilancias, fiebre, bronquiolitis y neumonía. Estudios que incluyen pacientes controles asintomáticos muestran que BoVH es también detectable en estos controles pero con una menor incidencia. Por ejemplo, BoVH se detectó en el 17% de los niños hospitalizados a causa de infección respiratoria, mientras que sólo el 5% de los niños asintomáticos (Cardozo T y col., 2015; Allander et al., 2005). En contraste con otros estudios, en un estudio, 43% de los niños asintomáticos resultaron positivos para BoVH. La mayoría de esos niños fueron sometidos a miringotomías, adenoidectomías o amigdalectomía (Cardozo T y col., 2015, Kapoor et al., 2010).

Las coinfecciones con otros virus se observan con frecuencia en las infecciones por BoVH y ocurren a menudo en más del 50% de las muestras analizadas. Dos estudios recientes indican que la carga viral de BoVH fue significativamente mayor en niños con monoinfectiones que en niños con coinfecciones (Arthur et al., 2009). La alta tasa de coinfecciones con otros virus, se puede explicar por la persistencia de BoVH en el tracto respiratorio. La cuantificación de ADN en muestras de BoVH positivos reveló que la carga viral del 42,5% de los pacientes positivos fue > 1,0 x 105 copias de ADN/mL, lo que indica que por debajo de este límite BoVH es un virus persistente o un espectador (Allander et al., 2005; Kapoor et al., 2009)

Varios estudios detectaron al BoVH en muestras de heces de niños con enfermedad aguda gastrointestinal. Un estudio en brotes de gastroenteritis en guarderías, detectan al BoVH en el 4,6% de muestras de heces tomadas de los niños. Otro estudio en niños hospitalizados con gastroenteritis aguda también reporta una alta tasa de coinfección de BoVH con otros virus. Sin embargo, ningún estudio vincula al BoVH como agente causal de gastroenteritis en niños (Lüsebrink y col., 2009). La detección HBoV se ha realizado principalmente en los aspirados nasofaríngeos y los hisopados nasales y se basa principalmente en la clásica PCR y PCR en tiempo real. Esta última tiene ventaja sobre la PCR convencional, ya que ofrece una mayor sensibilidad, especificidad, y duración menor. Los ensayos de PCR que detectan el gen NS1 o NP1 son los más comunes, permitiendo detectar el virus en muestras respiratorias, así como en muestras de heces y sangre total. Adicional a los ensayos de PCR, los BoVHs puede ser detectados indirectamente a través de la detección de anticuerpos (Cardozo T y col., 2015, Allander et al., 2005; Kapoor et al., 2009).

# OBJETIVOS

## Objetivo General

Detectar y caracterizar mediante técnicas moleculares los virus Metapneumovirus Humano (MPVh), Bocavirus Humano (BoVH) y Coronavirus Humano (CoVHs) asociados a Infecciones Respiratorios Agudas (IRA) en muestras de pacientes referidas al Instituto Nacional de Higiene "Rafael Rangel" (INHRR) entre enero del 2010 hasta diciembre del 2015.

## Objetivos Específicos

Extraer el material genético a partir muestras de hisopado nasal provenientes de muestras de pacientes con diagnóstico presuntivo de IRA referidas al INH"RR".

Amplificar por técnicas RT-PCR el material genético de muestras provenientes de pacientes con diagnóstico de IRA referidas al INH"RR".

Secuenciar los amplicones provenientes de algunas muestras positivas a MPVh, BoVH y CoVh provenientes de muestras de pacientes con diagnóstico presuntivo de IRA referidas al INH"RR" para posteriores análisis filogenéticos.

Comparar filogenéticamente las secuencias obtenidas de las muestras positivas a MPVh, BoVH y CoVh provenientes de muestras de pacientes con diagnóstico presuntivo de IRA referidas al INH"RR", con las reportadas en las bases de datos de secuencias de genomas virales.

Determinar los grupos, genotipos y variantes génicas de MPVh, BoVH y CoVh en muestras analizadas.

# METODOLOGÍA

## Características del estudio.

### Tipo de estudio

El estudio presente es descriptivo transversal y se incluyó los datos virológicos y epidemiológicos obtenidos de la Unidad de Vigilancia Epidemiológica del INHRR y aquellos encontrados en los boletines epidemiológicos del Ministerio del Poder Popular para la Salud (MPPS) (www.mpps.gov.ve/epidemiologia/boletines/2010_2015). Estos datos son provenientes de muestras de pacientes referidas al INHRR entre enero del 2010 y diciembre 2015 como parte del programa de vigilancia epidemiológicas de las Enfermedades Tipo Influenza (ETI), IRA e IRAG del MPPS en Venezuela. Un total de 1812 muestras fueron procesadas empleando el algoritmo de trabajo mostrado en el anexo N°1, que incluye primero un ensayo en RT-PCR en tiempo real (RT-qPCR) para la detección de Influenza A y B, y posteriormente un 10% de las muestras negativas al primer ensayo (Influenza A y B), se procesaron por la RT-PCR multiplex desarrollada por Coira y colaboradores en 2004 para la detección de MPVh, BoVh y CoVh 229E y OC43; como se describe más adelante. El resultado del procesamiento de las muestras se utilizaron para un estudio transversal retrospectivo tipo descriptivo que consistió en la identificación del perfil de salud-enfermedad de una población y la frecuencia de exposición a uno o varios factores de riesgo.

### Poblacion y muestras.

La población de estudio consistió en pacientes venezolanos cuyas muestras fueron colectadas entre enero del 2010 hasta diciembre del 2015 siguiendo todos los procedimientos médicos y éticos estándares. Se incluyó un total de 1812 muestras de Hisopados Nasafaringeos (HNF), Aspirado Faringeo (HF) y/o Exudado Nasofaríngeo

(ENF) de pacientes con sintomatología compatible a Infecciones Respiratorias Agudas (IRA) o cualquier enfermedad respiratoria. El criterio seleccionado para aceptar la muestra en el estudio es que haya tenido un resultado negativo a virus Influenza A y B por RT-PCR en tiempo real. Se incluyeron pacientes de todas las edades, condición inmunológica, sexo, ubicación geográfica, raza y condición o clase social. Basándonos en la autonomía del INHRR sobre todas las muestras que llegan por parte de la Vigilancia Epidemiológica que se realiza a través de las políticas de salud del Ministerio del Poder Popular para la Salud (MPPS), las muestras fueron recibidas a la Sección de Aislamiento Viral del INHRR (LAV-INHRR) desde varias regiones del territorio nacional. Los pacientes fueron lo suficientemente informados sobre el riesgo de su participación en el estudio y se les pidió su consentimiento por escrito.

## Recolección de las muestras

### Aspirados, hisopados o exudado nasofaríngeos

Esta muestra, fue recomendada para la colecta en infantes, niño pequeño y adulto mayor. El aspirado nasofaríngeo (ANF) se obtuvo utilizando un catéter acoplado a una jeringuilla de bulbo deprimido, la cual se colocó en la orofaringe y luego en las fosas nasales, succionando con la jeringuilla. Para realizar esta operación el paciente procedió a sentarse con la cabeza inclinada hacia atrás, instalándose 1.5 ml de MTV en cada fosa nasal con un gotero estéril y luego aspirando las secreciones. La aspiración de las secreciones de la orofaringe se realizó a partir de las secreciones presentes. El contenido de esta jeringuilla se verterá en un tubo plástico preferiblemente de fondo cónico y con tapa de rosca que contiene de 3-5 ml de MEM (Medio Esencial Mínimo, suplementado con 10% de suero fetal bovino). Este tubo se cerró herméticamente, se rotulo inmediatamente y se guardó a una temperatura de 4°C hasta su procesamiento, cumpliendo las regulaciones de conservación y de traslado (Cabello y col., 2006).

Para tomar los hisopados o exudado nasofaríngeo (ENF) se utilizó hisopos de Teflón dacrón (comerciales) estériles, de esta manera el raspado de las células epiteliales de las mucosas fue de mejor calidad, obteniéndose un mayor número de células. Una vez raspadas las mucosas nasales, los hisopos se colocaron sumergieron inmediatamente en MEM en tubos plásticos de tapa de rosca cerradas herméticamente y rotulados. Luego fueron refrigerados a 4° C hasta su procesamiento (Cabello y col., 2006).

Deteccion molecular

Extracción del genoma viral

La extracción del genoma viral (tanto ARN como ADN) se llevó a cabo mediante el equipo automatizado QIAcube (QIAGEN®, Hilden, Germany) y/o por extracción manual utilizando un estuche comercial de la casa comercial QIAGEN (QIAGEN®, Hilden, Germany), siguiendo las recomendaciones del fabricante. Se partió de 140 µl de la muestra la cual se incubo con 560 µl de buffer de lisis AVL por 15 minutos, seguido de Etanol al 100% y luego una serie de lavado con buffers AW1, AW2 y elución con buffer AE o agua libre de nucleasas grado molecular. La extracción se realizó en una cabina de seguridad biológica clase II tipo B2.

Ensayos de detección molecular

La detección molecular de los agentes en estudio fue realizada empleando las condiciones de concentración y temperatura del protocolo previamente desarrollado y publicado (Coiras y col., 2004, Acosta-Herrera y col., 2008), con la diferencia de que para nuestros ensayos se empleo la enzima one-step RT-PCR AgPath-IDTM (Applied Byosistems, Life technologies). Los iniciadores o cebadores empleados fueron diseñados para detectar regiones altamente conservadas de la Matriz (M) de los MPVh, la glicoproteína spike (S) de los CoVh 299E y OC43 y la proteína NP1 de los BoVh (Tabla N° 5). Todos los ensayos moleculares consistieron en dos ciclos o pruebas independientes de amplificación: un ciclo RT-PCR y posteriormente un ciclo NESTED-PCR. Se llevaron a cabo dos ensayos moleculares: un ensayo para la detección de MPVh y BoVh, y otro ensayo independiente para la detección de CoVh 229E y OC43. Los productos de amplificación de la PCR fueron específicos para cada uno de los agentes estudiados y se visualizaron por electroforesis en gel de agarosa al 2%. Su especificidad fue muy alta no existiendo reacciones cruzadas con otros virus respiratorios, como Rinovirus y Enterovirus humanos, Parainfluenza virus humanos e Influenza (Coira y col., 2004; Acosta-Herrera y col., 2008).

**Tabla N°5**: Cebadores empleados para la detección de MPVh, CoVh y BoVh. (Coira y col., 2004; Acosta-Herrera y col., 2008)

| Cebador | Secuencia 5´-3´ | Ciclo | Blanco | Producto |
|---|---|---|---|---|
| Matriz 1A | TTGTYCCTTGRTGRCTCCA | RT-PCR | Proteína Matriz (M) | 486 pb |
| Matriz 1S | GAGTCCTAYCTAGTAGACAC | | | |
| Matriz 2A | TCTTGCAKATYYTRCTKATGCT | PCR Anidada | | |
| Matriz 2S | GCRGCIATGTCTGTACTTCC | | | |
| HBoV1F | CACAGGAGCMGGAGYCGCAG | RT-PCR | NP1 | 224 pb |
| HBoV1R | CCAAGATATYTRTATCCAGG | | | |
| HBoV2F | GTGGTGTGGGTTCTACTGGC | PCR Anidada | | |
| HBoV2R | CTACGGTACACATCATCCCAG | | | |
| 1HCoV | TGTGCCATAGARGAYWTACTTTTT | RT-PCR | Spike glicoproteína (S) | 530pb |
| 2HCoV | AACCGCTTKYACCAKCAAYGCACA | | | |
| 3HCoV | TTGTGCGCAATGTTATAAWGGYAT | PCR Anidada | | 630pb |
| 4HCoV | GATAATRTGAGTRCCATTWCCACA | | | |

Ensayo de RT-PCR y PCR anidada multiplex para la detección de MPVH y BoVH.

En la primera reacción de amplificación (RT-PCR) se utilizo el Kit de AgPath-ID™ One-Step RT-PCR, Appied Byosistems, Cat. n° AM1005. En esta reacción se desarrolla de transcripción reversa y la amplificación del ADN complementario (ADNc). El volumen final de la reacción fué de 50 µL/tubo (45µL de mezcla + 5µL de extracto de ARN). Los detalles de la mezcla de reacción del ensayo RT-PCR multiplex para la detección de MPVh y BoVh y el programa de amplificación en el termociclador, se resumen en la Tabla n°6.

**Tabla N°6**: Ensayo RT-PCR Múltiplex y programa de amplificación para la detección de MPVh y BoVh.

| Componentes | | Volumen (µl) | Concentración final | |
|---|---|---|---|---|
| Buffer 2X | | 10 | - | |
| $SO_4Mg_2$ (25 mM) | | 4 | 2 mM | |
| dNTPs (10 mM) | | 1,5 | 3.33 mM | |
| Matriz 1S (10 pmol) | | 2 | 0,4 pmol/µl | |
| Matriz 1A (10 pmol) | | 2 | 0,4 pmol/µl | |
| HBoV1F (10 pmol) | | 2 | 0,4 pmol/µl | |
| HBoV1R (10 pmol) | | 2 | 0,4 pmol/µl | |
| Enzima AgPath (25U) | | 2 | 1U | |
| Agua | | 18,5 | - | |
| Volumen final de reacción | | 45µl + 5µl de ARN = **50 µl** | | |
| **Programa de amplificación** | | | | |
| **Etapas** | | **Temperatura** | **Tiempo** | **Ciclos** |
| 1 | Transcripción reversa (RT) | 45 °C | 45 min. | 1 |
| 2 | Inactivación RT | 95 °C | 10 min. | 1 |
| | | 95 °C | 30 seg. | 45 |
| 3 | Amplificación (PCR) | 53° C | 2 min. | |
| | | 68 °C | 1 min. | |
| 4 | Extensión final | 68 °C | 10 min. | 1 |

Para el segundo ciclo de amplificación (PCR Anidada multiplex), 2 µl del producto del 1er ciclo fue añadido a una mezcla de reacción con un volumen de 48 µl conteniendo: 10 µl de buffer enzimático, 10 pmol de los respectivos cebadores descrito en la tabla n° 5; 1,2 mM de dNTPs; 5 mM de MgCl2 y 2,5 U de GoTaq Flexi DNA Polimerase (Promega, Cat. n° M8295). La reacción se realizó bajo las siguientes condiciones: 95°Cx5min, 35 ciclos a 95°Cx30seg, 55°Cx2min y 72°Cx1min, con una extensión final a 72°Cx5min. 10µl del producto del 2do ciclo fue combinado con 1µl de buffer se carga, y se corrió en un gel de agarosa al 2% bajo un voltaje de 125 voltios por 1 hora y posteriormente se visualizo en un transiluminador de UV. Los geles se prepararon con buffer TAE al 0,5% y colocados dentro de una cámara de electroforesis conteniendo buffer TAE 0,5%. Las muestras positivas se identificaron con una banda de 486 pb para MPVh y 224 pb para BoVh.

Ensayo de RT-PCR y PCR anidada para la detección de CoVH 229E y OC43.

El primer ensayo o ciclo de amplificación para la detección de los CoVh 229E y OC43 se llevó a cabo con el protocolo desarrollado por Coira y colaboradores en el 2004 con la diferencia de que para nuestros ensayos se utilizó el estuche enzimático AgPath-ID™ One-Step RT-PCR de Appied Byosistems, Cat. n° AM1005 adaptando las condiciones del fabricante. Esta enzima realiza la reacción de transcripción reversa y la PCR en un volumen de 50 µl. Los iniciadores o cebadores empleados para amplificar la región variante de la Spike Glicoproteína S del Coronavirus 229E y OC43 se describen anteriormente en la tabla n°4. Las condiciones de la mezcla de reacción RT-PCR y programa de amplificación, se resumen en la tabla n°7.

**Tabla N°7:** Ensayo RT-PCR y programa de amplificación para la detección de CoVh 229E y OC43.

| **Componentes** | **Volumen (µl)** | **Concentración final** | |
|---|---|---|---|
| Buffer 2X | 10 | - | |
| $SO_4Mg_2$ (25 mM) | 4 | 2 mM | |
| dNTPs (10 mM) | 1,5 | 0.3 mM | |
| 1HCoV (10 pmol) | 2 | 0,4 pmol/µl | |
| 2HCoV (10 pmol) | 2 | 0,4 pmol/µl | |
| Enzima AgPath (25U) | 2 | 1U | |
| Agua | 22,5 | - | |
| Volumen final de reacción | 48µl + 2µl de ARN = **50 µl** | | |
| | **Programa de amplificación** | | |
| **Etapas** | **Temperatura** | **Tiempo** | **Ciclos** |

| | | | | |
|---|---|---|---|---|
| 1 | Transcripción reversa (RT) | 45 °C | 30 min. | 1 |
| 2 | Inactivación RT | 95 °C | 10 min. | 1 |
| 3 | Amplificación (PCR) | 95 °C | 10 seg. | 45 |
| | | 60° C | 10 seg. | |
| | | 72 °C | 20 seg. | |
| 4 | Extensión final | 72 °C | 10 min. | 1 |

Para el segundo ciclo de amplificación (PCR anidada), 2 ul del producto del 1er ciclo fue añadido a una mezcla de reacción con un volumen de 48 µl conteniendo: 10 µl de buffer enzimático, 10 pmol de los respectivos cebadores descrito en la tabla n° 5; 1,2 mM de dNTPs; 5 mM de MgCl2 y 2,5 U de GoTaq Flexi DNA Polimerase (Promega, Cat. n° M8295). La reacción se realizó bajo las siguientes condiciones: 95°Cx5min, 35 ciclos a 95°Cx30seg, 55°Cx2min y 72°Cx1min, con una extensión final a 72°Cx5min. 10µl del producto del 2do ciclo fue combinado con 1µl de buffer se carga, corrido en un gel de agarosa al 2% bajo un voltaje de 125 voltios durante 1 hora y posteriormente visualizado en un transiluminador de UV. Los geles se prepararon con buffer TAE al 0,5% y colocados dentro de una cámara de electroforesis conteniendo buffer TAE 0,5%. Las muestras positivas se identificaron con una banda de 587 pb para CoVh OC43 y 611 pb para CovH 229E.

Secuenciación y caracterización molecular

Los productos de PCR de los pacientes que resultaron positivos a MPVh, CoVhs y BoVh, fueron purificados empleando el estuche comercial FAVORGEN® (FavorPrep™ GEL/PCR Purification Kit, Biotech Corp.) siguiendo las especificaciones del fabricante, obteniendo 40 µl del producto amplificado purificado. Se determinó la concentración de ADN mediante un espectrofotómetro Bio Photometre de ADN y/o ARN marca Eppendorf y se ajuntó la concentración de cada amplificado según las recomendaciones requeridas para la secuenciación (aproximadamente a 10 µg/ml de ADN producto de PCR).

La secuenciación se realizó utilizando la tecnología de ABI PRISM 3100 Genetic Analyzer BigDye Terminator v. 3.1 (Applied Biosystems) y con la ayuda de la Unidad de Estudios Genéticos y Forenses del Instituto Venezolano de Investigaciones Científicas (UEGF-IVIC) Centro de Secuenciación y Análisis de Ácidos Nucleídos (CeSAAN). Un ejemplo de los archivos ab1 y del reporte BLAST obtenidos de servicio de secuenciación se muestra en los anexos N°2 y el anexo N°3.

Caracterización molecular de Metapneumovirus humano.

La caracterización molecular de MPVh se realizó utilizando el gen que codifica la proteína matriz (M) del MPVh. Una secuencia parcial de 486pb fue amplificada por RT-PCR-Anidada, purificada y posteriormente secuenciada utilizando la tecnología de ABI PRISM 3100 Genetic Analyzer BigDye Terminator v. 3.1 (Applied Biosystems). La secuencia obtenida se realizó empleando con los programas BioEdit 2.0, TEXPAD 4,7, Clustal Omega y MEGA 7.0 (de inglés, Molecular Evolutionary Genetics Analysis). Los electroferogramas fueron analizados y limpiados chequeando ambos sentidos de la secuencia para obtener la secuencia consenso la cual fue posteriormente alineada con secuencias patrones de la base de datos del Centro Nacional de Biotecnología e Informática (del inglés National Center for Biotechnology Information (NCBI) y el Instituto Europeo de Bioinformática (del inglés European Bioinformatics Institute (EBI). Para este análisis se seleccionaron cinco muestras de pacientes positivos a MPVh con desarrollo de IRA y/o IRAG. La secuencia consenso obtenida fue alineada con 35 secuencias parciales de la proteína matriz de MPVh obtenidas del NCBI y EBI, cuyos números de acceso se muestran a continuación: KJ627397.1, KC562231.1, JQ309663.1, JQ309660.1, JQ309647.1, JQ309646.1, JN184399.1, JN184400.1, JN184402.1, EF535506.1, JN184401.1, AF371337.2, KJ627432.1, HM197719.1, AY145263.1, KJ627414.1, KF530155.1, KC562237.1, KC562230.1, KC562226.1, KC562219.1, KC562236.1, KC403980.1, KJ627435.1, EF081359.1, FJ168778.1, FJ168779.1, AY297748.1, AY297749.1, KJ627400.1, DQ843658.1, DQ843659.1, JQ309661.1, AY525843.1, GQ153651.1 (Tabla n°8). El alineamiento de todas las secuencias se realizó con el programa libre Clustal Omega encontrado en los servicios que presta el EBI (http://www.ebi.ac.uk/Tools/msa/clustalo/) y finalmente para la construcción del árbol filogenético se utilizó el método Neighbor-joining con 1000 repeticiones bootstrap empelando el programa MEGA v.7.0.

Caracterización molecular de Coronavirus humano 229E.

La caracterización de los CoVh 229E se realizó empleando el gen que codifica la glicoproteína de superficie "S" de los CoVh. Para ello se amplificó mediante RT-PCR anidada una secuencia parcial de 611 pb partiendo ArN viral extraído del hisopado nasal o hisopado faríngeo de pacientes con IRA y/o IRAG. La banda se secuenció bidireccionalmente utilizando la tecnología de ABI PRISM 3100 Genetic Analyzer BigDye Terminator v. 3.1 (Applied Biosystems). Los archivos ab1 se analizaron por el programa Bioedit 2.0 y la secuencia consenso obtenida fue comparada con la secuencia de referencia del gen "S" de CoVh 229E ATCC VR-740 (número de acceso al GenBank AB691963.1). La secuencia consenso obtenida fue posteriormente alineada con 34 secuencias (Tabla n°9) empleando el programa libre del servicio del EBI Clustal Omega (Herramienta para el alineamiento múltiple de secuencias de ADN y proteína, del inglés: Multiple sequence alignment of DNA or protein sequences. ClustalOmega). Las secuencias alineadas fueron cargadas en el programa MEGA v7.0 para la construcción de un árbol filogenético Neighbor-joining con 1000 repeticiones bootstrap.

**Tabla N°8**: Genotipos de MPVh usados en este estudio con sus respectivos accesos al GenBank y la fuente reportada.

| Cepa | Genotipo | Localidad | Número de acceso |
|---|---|---|---|
| HMPV/PER/FPP00098/2010/B | B | Piura, Perú | KJ627397.1 |
| HMPV/AUS/172437891/2004/B | B2 | Queensland, Australia | KC562231.1 |
| HMPV isolate SIN06-NTU398 | B2 | Singapore | JQ309663.1 |
| HMPV isolate SIN06-NTU277 | B2 | Singapore | JQ309660.1 |
| HMPV isolate SIN05-NTU52 | A2 | Singapore | JQ3096 |

| | | | |
|---|---|---|---|
| | | | 47.1 |
| HMPV isolate SIN05-NTU52 | A2 | Singapore | JQ3096 46.1 |
| HMPV strain TN96-12 | A1 | Nashville, TN, USA | JN1843 99.1 |
| HMPV strain TN94-49 | A2 | Nashville, TN, USA | JN1844 00.1 |
| HMPV strain TN99-419 | B2 | Nashville, TN, USA | JN1844 02.1 |
| HMPV isolate TW05-00125 | B2 | Taiwan, China | EF5355 06.1 |
| HMPV strain TN982-42 | B2 | Nashville, TN, USA | JN1844 01.1 |
| HMPV isolate 00-1 | A1 | Amsterdam, The Netherlands | AF3713 37.2 |
| HMPV/PER/FLE7218/2009/A | A1 | Piura, Perú | KJ6274 32.1 |
| HMPV strain Sabana | B2 | Rwanda | HM1977 19.1 |
| HMPV isolate CAN98-79 | B2 | Canadá | AY1452 63.1 |
| HMPV/PER/CFI0497/2010/B | B | Loreto, Perú | KJ6274 14.1 |
| HMPV/AUS/134244948/2003/B | B2 | Queensland, Australia | KF5301 55.1 |
| HMPV/USA/TN-95-252/1995/B | B2 | Queensland, Australia | KC5622 37.1 |
| HMPV/AUS/159148534/2004/B | B1 | Queensland, Australia | KC5622 30.1 |
| HMPV/AUS/150229278/2003/A | A1 | Queensland, Australia | KC5622 26.1 |
| HMPV/USA/C2-175/2005/B | B | Cincinati, USA | KC5622 19.1 |
| HMPV/AUS/187674311/2004/A | A2 | Queensland, Australia | KC5622 36.1 |
| HMPV/AUS/138758999/2003/A | A2 | Queensland, Australia | KC4039 80.1 |
| HMPV/PER/FLE0425/2009/A | A | Loreto, Perú | KJ6274 35.1 |
| HMPV isolate CS048 | B1 | China | EF0813 59.1 |
| HMPV isolate NL/94/01 subtype B2 | B2 | Amsterdam, The Netherlands | FJ16877 8.1 |
| HMPV isolate NL/00/17 type A2 | A2 | Amsterdam, The Netherlands | FJ16877 9.1 |
| HMPV isolate CAN98-75 | B2 | Quebec, Canadá | AY2977 48.1 |
| HMPV isolate CAN97-83 | A2 | Quebec, Canadá | AY2977 49.1 |
| HMPV/PER/CFI0466/2010/B | B | Loreto, Perú | KJ6274 00.1 |

| | | | |
|---|---|---|---|
| HMPV strain BJ1816 | B1 | Beijing, China | DQ8436 58.1 |
| HMPV strain BJ1887 | A2 | Beijing, China | DQ8436 59.1 |
| HMPV isolate SIN06-NTU289 | A2 | Singapore | JQ3096 61.1 |
| HMPV isolate NL/1/99 | B1 | Amsterdam, The Netherlands | AY5258 43.1 |
| HMPV strain HMPVgz01 | A2 | Guangzhou, China | GQ1536 51.1 |

**Tabla N° 9**: Detalle de las secuencias del gen que "S" de CoVh 229E empleadas para el análisis de filogenético.

| **Nombre de la cepa** | **Ubicación geográfica** | **Tipo de muestra** | **Síntomas** | **Número de acceso al Genbank** |
|---|---|---|---|---|
| CoVh 229E ATCC VR-740 | USA | NA | NA | AB691763 |
| CoVh 229E ATCC VR-740 | USA | NA | NA | DQ243963 |
| CoVh 229E 11/6/79 | Melbourne, Australia | NA | Na | DQ243964 |
| CoVh 229E 16/6/82 | Melbourne, Australia | Hisopado nasal y faríngeo | ITRS | DQ243965 |
| CoVh 229E 22/9/82 | Melbourne, Australia | Hisopado nasal y faríngeo | ITRS | DQ243966 |
| CoVh 229E 6/10/82 | Melbourne, Australia | Aspirado Nasofaríngeo | ITRS | DQ243967 |
| CoVh 229E 21/10/82 | Melbourne, Australia | Hisopado nasal y faríngeo | Fiebre, VIH | DQ243968 |
| CoVh 229E 8/11/82[a] | Melbourne, Australia | Hisopado nasal y faríngeo | Fiebre, ITRS | DQ243969 |
| CoVh 229E 8/11/82b | Melbourne, Australia | Hisopado nasal y faríngeo | ITRS, otitis | DQ243970 |
| CoVh 229E 29/07/84 | Melbourne, Australia | Hisopado nasal y | ITRS | DQ243971 |

| | | | | |
|---|---|---|---|---|
| | | faríngeo | | |
| CoVh 229E 5/9/84 | Melbourne, Australia | Aspirado Nasofaríngeo | Pneumonia | DQ243972 |
| CoVh 229E 24/06/90 | Melbourne, Australia | Aspirado Nasofaríngeo | Pertussis | DQ243973 |
| CoVh 229E 12/05/92 | Melbourne, Australia | Aspirado Nasofaríngeo | Viral, ITRS | DQ243975 |
| CoVh 229E 17/6/92 | Melbourne, Australia | Aspirado Nasofaríngeo | Bronqueolitis | DQ243976 |
| CoVh 229E 25/6/92 | Melbourne, Australia | Hisopado nasal y faríngeo | Fiebre, dolor de garganta, rinorrea | DQ243974 |
| CoVh 229E 8/08/01 | Melbourne, Australia | Hisopado nasal y faríngeo | Fiebre, tos, mialgia. | DQ243977 |
| CoVh 229E 27/08/01 | Melbourne, Australia | Hisopado nasal y faríngeo | ETI | DQ243978 |
| CoVh 229E 21/06/02 | Melbourne, Australia | Hisopado nasal y faríngeo | ETI | DQ243979 |
| CoVh 229E 6/01/03 | Melbourne, Australia | Lavado broncoalveolar | NA | DQ243980 |
| CoVh 229E 24/04/03 | Melbourne, Australia | Aspirado Nasofaríngeo | SARS | DQ243981/2 |
| CoVh 229E 14/8/03 | Melbourne, Australia | Hisopado nasal y faríngeo | Neumonía severa | DQ243984 |
| CoVh 229E 19/8/03 | Melbourne, Australia | Hisopado nasal y faríngeo | Fiebre, dolor de cabeza | DQ243985.1 |
| CoVh 229E 25/8/03 | Melbourne, Australia | Hisopado nasal y faríngeo | | DQ243986.1 |
| CoVh 229E 27/1/04 | Melbourne, Australia | Esputo | Neumonía severa | DQ243987 |
| CoVh 229EP100E | Denver, USA | NA | NA | AF344189.1 |
| CoVh 229E RW | Denver, USA | NA | NA | AF344186 1 |
| CoVh 229E P11A | Denver, USA | NA | NA | AF344187.1 |
| CoVh 229E P11B | Denver, USA | NA | NA | AF344188.1 |
| SENDAI-H/826/04 | Tokyo, Japan | Hisopado faríngeo | Nd | AB691765.1 |
| Sendai-H/1121/04 | Tokyo, Japan | Hisopado faríngeo | Nd | AB691764.1 |
| Niigata/01/08 | Tokyo, Japan | Hisopado faríngeo | Nd | AB691767.1 |

ITRS= Infección del tracto respiratorios superior; SARS= Síndrome respiratorio agudo severo; ND=no disponible.

Caracterización molecular de Coronavirus OC43

La caracterización molecular de CoVh OC43 se llevó a cabo empleando la glicoproteína de superficie “S”. Para ello se amplifico por RT-PCR anidada una secuencia parcial de 587 pb a partir del ARN viral extraído del hisopado nasal o faríngeo de pacientes con IRA y/o IRAG y posteriormente se secuenció bidireccionalmente utilizando la tecnología de ABI PRISM 3100 Genetic Analyzer BigDye Terminator v. 3.1 (Applied Biosystems). Las secuencias ab1 fueron trabajadas con el programa Bioedit para obtener la secuencia consenso comparándolas con la secuencia de referencia de CoVh OC43 ATCC VR-759 (AY391777). Para enriquecer el análisis filogenético, 4 secuencias de genoma completo de CoVh OC43 (AY391777, AY585228, JN129832, JN129835) y 38 secuencia completas de la proteína de superficie “S” de CoVH OC43 pertenecientes a cepas aisladas de varios países y años diferentes, fueron alineadas con la secuencia consenso obtenida de nuestros pacientes (Tabla N °10). El alineamiento fue realizado por el programa Clustal Omega (EBI, services, encontrado en la página http://www.ebi.ac.uk/Tools/msa/clustalo/) y analizado con el editor de secuencias BioEdit 2.0. Las secuencias alineadas fueron cargadas en el programa MEGA v7.0 para la construcción de un árbol filogenético Neighbor-joining con 1000 repeticiones bootstrap.

**Tabla N°10:** Detalle de las secuencias del gen que “S” de CoVh OC43 empleadas para el análisis de filogenético. (1Lau y col., 2011. 2Kim y col., 2015)

| Nombre de la cepa | Ubicación geográfica | Genotipo basado en gen S[1] | Genotipo basado en gen S[2] | Número de acceso al Genbank |
|---|---|---|---|---|
| CoVH-OC43/ATCC/VR-759 | ATCC, 1967 | A | na | AY391777 |
| CoVh-OC43/ATCC/VR-759 | ATCC, 1967 | A | na | AY585228 |
| CoVh-OC43/BE03 | Bélgica, 2003 | B | na | AY903457 |
| CoVh-OC43/BE04 | Bélgica, 2004 | D | na | AY903460 |

| | | | | |
|---|---|---|---|---|
| CoVH-OC43/HK04-01 | Hong Kong, China 2004 | C | na | JN129834 |
| CoVH-OC43/HK04-02 | Hong Kong, China 2004 | D | na | JN129835 |
| CoVH-OC43/Paris | Paris, Francia | A | Na | AY585229 |
| CoVH-OC43/Caen/2002-03 | Caen, Francia | na | C | KF963232 |
| CoV-OC43/USA/911-58/1991 | USA | na | C | KF530091 |
| CoVh-OC43/Caen/2001-02 | Caen, Francia | na | C | KF963231 |
| CoV-OC43/USA/007-11/2000 | USA | na | C | KF530068 |
| CoVh-OC43/USA/971-05/1997 | USA | na | C | KF530099 |
| CoV-OC43/USA/965-6/1996 | USA | na | C | KF530098 |
| CoV-OC43/USA/951-18/1995 | USA | na | E | KF530084 |
| CoV-OC43/USA/901-54/1990 | USA | na | C | KF530088 |
| CoV-OC43/USA/872-5/1987 | USA | na | E | KF530086 |
| CoV-OC43/USA/8912-37/1989 | USA | na | E | KF530073 |
| CoV-OC43/USA/925-1/1992 | USA | na | C | KF530071 |
| CoV-OC43/USA/953-23/1995 | USA | na | E | KF530062 |
| CoVh-OC43/Beijing/CHINA/229-2005 | Beijing, China | na | na | KF572816 |
| CoVH-OC43/Beijing/CHINA/3647-2006 | Beijing, China | na | na | KF572818 |
| CoVH-OC43/Caen/2004-06 | Caen, Francia | na | C | KF963235 |
| CoVH-OC43/Caen/2009-11 | Caen, Francia | na | C | KF963240 |
| CoVH-OC43/Caen/2013-15 | Caen, Francia | na | C | KF963244 |
| CoVH-OC43/Caen/2012-14 | Caen, Francia | na | C | KF963243 |
| CoVH-OC43/Caen/2005-07 | Caen, Francia | na | E | KF963236 |
| CoVh-OC43/Caen/2002-04 | Caen, Francia | na | E | KF963233 |
| CoV-OC43/USA/008-5/2000 | USA | na | E | KF530092 |
| CoV-OC43/USA/832- | USA | na | E | KF530093 |

| | | | | |
|---|---|---|---|---|
| 27/1983 | | | | |
| CoV-OC43/USA/931-85/1993 | USA | na | E | KF530090 |
| CoVH-OC43/Caen/2003-05 | Caen, Francia | na | B | KF963234 |
| CoVH-OC43/Caen/2006-08 | Caen, Francia | na | B | KF963237 |
| CoVH-OC43/Caen/2008-10 | Caen, Francia | na | B | KF963239 |
| CoVh-OC43/Beijing/CHINA/1783A-2010 | Beijing, China | na | na | KF572804 |
| CoVB/Bovino/Quevec | | na | na | AF220295 |

[1] Lau y col., 2011. [2] Kim y col., 2015

Caracterización molecular de Bocavirus humano

La caracterización de BoVh se realizó empleando el gen que codifica la proteína no estructural 1 (nonstructural protein 1) "NP1" de los BoVh. Para ello se amplificó mediante RT-PCR anidada una secuencia parcial de 224 pb partiendo de ARN viral extraído del hisopado nasal e hisopado faríngeo de pacientes con IRA y/o IRAG. La banda se secuenció utilizando la tecnología de ABI PRISM 3100 Genetic Analyzer BigDye Terminator v. 3.1 (Applied Biosystems). Los archivos ab1 se analizaron por el programa Bioedit 2.0 y la secuencia consenso fue obtenida al comparar los electroferogramas entre sí y entre una secuencia patrón del gen "NP1" (número de acceso al GenBank DQ000495). La secuencia obtenida fue alineada con 20 secuencias (Tabla n°11) correspondiente a las 4 genotipos de BoVh reportados hasta los momentos en diferentes localidades del mundo utilizando el programa del servicio del Instituto Europeo de Bioinformática (EBI) Clustal Omega (Herramienta para el alineamiento múltiple de secuencias de ADN y proteína, del inglés: Multiple sequence alignment of DNA or protein sequences Clustal). Las secuencias alineadas fueron cargadas en el programa MEGA v7.0 para la construcción de un árbol filogenético Neighbor-joining con precisión de 1000 bootstrap.

Instrumento de recolección de datos

Los datos de edad, sexo, localización geográfica, sintomatología clínica, comorbilidad y diagnóstico clínico fueron obtenidos de la ficha de investigación de Infecciones Respiratorias Agudas del Ministerio del Poder Popular para la Salud (MPPPS) (Anexo 2). Todas las muestras estuvo acompañada de su respectiva ficha epidemiológica llenada por el médico tratante o por el personal de los servicios de epidemiología regional. Los datos de la ficha epidemiológica se almacenaron en el sistema automatizado de registro de pacientes (EVAL) de la Gerencia de Diagnóstico y Vigilancia Epidemiológica del INHRR.

Análisis Estadístico

Con la finalidad de determinar si existe relación entre las distintas variables categoricas de la población estudiada (sexo, grupo etario, signos y síntomas y diagnostico clínico), se realizaron pruebas de independencia y prueba de Chi cuadrado con un Intervalo de Confianza del 95% (CI 95%), utilizando el programa SPSS v.24.0. Se realizaron tablas de contingencia 2x2 para obtener la probabilidad de cada relación de variable.

**Tabla N°11**: Detalle de las secuencias del gen que "NP1" de BoVh 1 empleadas para el análisis de filogenético.

| Nombre de la cepa | Ubicación geográfica | Tipo de muestra | Síntomas | Número de acceso al Genbank |
|---|---|---|---|---|
| BoVH-sp1/Suecia/2005 | Suecia | HNF | ITRS | DQ000495 |
| BoVH-sp1/Suecia/st1/2005 | Suecia | HNF | ITRS | NC_007455 |
| BoVH-sp1/USA/Salvador1/2005 | USA | HNF | ITRS | JQ923422.1 |
| BoVH-sp1/Argentina/307AR09/2009 | Cordoba, Argentina | HNF | ITRS | KJ634207 |
| BoVH-sp2/USA/UK-648/2009 | San Fsco., USA | Heces | nd | FJ170280.1 |
| BoVH/sp2/USA/PK-5510/2009 | San Fsco., USA | Heces | | NC_012042.1 |
| BoVH-sp2/USA/KU1/2010 | Kansas City, USA | Heces | | GQ200737.1 |
| BoVH-sp2a/Tunisia/2A-TU-A114/2006 | Tunisia | Heces | | FJ973558.1 |
| BoVH-sp2b/Nigeria/2B-NI- | Nigeria | Heces | | FJ973560.1 |

| | | | | |
|---|---|---|---|---|
| 213/2007 | | | | |
| BoVH-sp3/China/46-BJ07/2007 | Beijing, China | Heces | | HM132056.1 |
| BoVH-sp3/Australia/W471/2001 | Adelaide, Australia | Heces | | EU918736.1 |
| BoVH-sp4/Nigeria/HBoV4-NI-385/2007 | Nigeria | Heces | | NC_012729.2 |
| Human bocavirus 1 isolate 3311_HN_12 (NP1) gene | Cordoba, Argentina | HNF | ITRS | KC878507.1 |
| Human bocavirus 1 isolate 3189_HN_12 (NP1) gene | Cordoba, Argentina | HNF | ITRS | KC878500.1 |
| Human bocavirus 1 isolate CQ279 NP1 gene | Yu Zhong district, China | | ITRS | JX434044.1 |
| Human bocavirus 1 isolate 10-2694_HN_11 NP1 (NP1) gene | Cordoba, Argentina | HNF | ITRS | JX034735.1 |
| Human bocavirus 1 isolate 9-2664_HN_11 NP1 (NP1) gene | Cordoba, Argentina | HNF | ITRS | JX034734.1 |
| Human bocavirus 1 isolate 2-416_SF_09 NP1 (NP1) gene | Cordoba, Argentina | HNF | ITRS | JX034727.1 |
| Human bocavirus 1 strain JPBS05-52 NP1 gene | Sapporo, Japan | | ITRS | EU984096.1 |
| Human Parvovirus4 | Chimpanzee Parvovirus 4 | Heces | | HQ113143 |

ITRS= Infección del tracto respiratorios superior; SARS= Síndrome respiratorio agudo severo; ND=no disponible. Nd: no disponible.

Adicionalmene se realizó un análisis de correspondencias simples (ACORS) con la finalidad de asociar en un mismo análisis el conjunto de variables presentes en la población estudiada. Este análisis se hizo con el programa SPSS v24. (Resultados mostrados en el anexo N°4)

# RESULTADOS

Las características demográficas de la población de estudio obtenida de la revisión de las fichas epidemiológicas en general se describen en la tabla N° 12. Todos los pacientes presentaron sintomatología respiratoria desde leves caracterizada por refriado común y ETI hasta complicaciones severas como neumonía y bronconeumonía. La heterogeneidad de la población se hizo evidente al encontrar pacientes de todas las edades y proveniente de todos los estados del país. La edad promedio de la población en general fue 20,39 ±23,6 años. La mayor población correspondió a niños entre 0-5 años de edad con 52%, seguido de adultos entre 41-60 años con 21,3%.

Se evaluaron 53% (961/1812) pacientes del género femenino y 47% (851/1812) pacientes del género masculino. Se incluyó pacientes con distintos cuadros clínicos, complicaciones y morbilidades. El 69,2% (1253/1812) de pacientes fueron hospitalizados debido a bronconeumonía o neumonía, mientras que el 4,5% (82/1812) desarrollaron bronquitis aguda y 2.2 % asma bronquial (0/1812). El 18,9% (342/1812) presentaron factores de riesgo tales como: embarazo (5,2%), asma (8%), cardiopatías (4.3%), EBPOC (1.2%), diabetes (1.4%), artritis reumatoide (0.8%), nefropatías (1.5 %), obesidad (1.6%), VIH (2.3 %), VIH, síndrome coqueluchoide (2.3 %), tos ferina (0.5 %), anemia (11%), Enfermedad Pulmonar Obstructiva Crónica (EPOC) (3.4%), antecedentes de asma (13.4%) y hábito tabáquico (15.7%). El estado con mayor número de muestras fue Bolívar (7.4%), seguido por Distrito Capital, Delta Amacuro y Aragua con (7%) y así sucesivamente los demás.

**Tabla N°12:** Demografía de la población de estudio según edad, sexo, ubicación geográfica y diagnóstico clínico. Venezuela 2010-2015.

| | Total de muestras (N=1812) |
|---|---|
| **Grupo Etario (N=1808)[1]** | **n (%)** |
| 0-5 años | 941 (52,0) |
| 6-20 años | 165 (9,1) |
| 21-40 años | 188 (10,4) |

| | |
|---|---|
| 41-60 años | 385 (21,3) |
| 60 o más | 129 (7,1) |
| **Ubicación geográfica** | **n (%)** |
| Amazonas | 55 (3,0) |
| Anzoátegui | 62 (3,4) |
| Apure | 56 (3,1) |
| Aragua | 126 (7,0) |
| Barinas | 13 (0,7) |
| Bolívar | 134 (7,4) |
| Carabobo | 29 (1,6) |
| Cojedes | 58 (3,2) |
| Delta Amacuro | 126 (7,0) |
| Distrito Capital | 127 (7,0) |
| Falcón | 19 (1,0) |
| Guárico | 57 (3,1) |
| Lara | 80 (4,4) |
| Mérida | 93 (5,1) |
| Miranda | 116 (6,4) |
| Monagas | 108 (6,0) |
| Nueva Esparta | 42 (2,3) |
| Portuguesa | 77 (4,2) |
| Sucre | 123 (6,8) |
| Táchira | 120 (6,6) |
| Trujillo | 20 (1,1) |
| Vargas | 8 (0,4) |
| Yaracuy | 60 (3,3) |
| Zulia | 103(5,7) |
| **Diagnostico clínico** | **N (%)** |
| Hospitalización asociada a Bronconeumonía y Neumonía. | 1253 (69,2%) |
| Bronquitis aguda | 82 (4,5%) |
| Asma bronquial | 40 (2,2) |
| Otra condición clinica[3] | 342 (18,9) |

[1]El N° difiere del total debido a que en algunas historias evaluadas no se encontraba la edad del paciente.

Detección de MPVh, BoVh, CoVh 229E y CoVh OC43.

El MPVh, BoVh, CoVh OC43 y CoVh 229E fueron detectados por RT-PCR como se describió en materiales y métodos. 10 µl del producto del segundo ciclo de amplificación fue corrido en un gel de agarosa al 2% y se detectaron las bandas esperadas de 224pb, 486pb, 530pb y 630pb, que identifican muestras con la presencia del material genético de BoVh, MPVh, CoV 229E y CoV OC43, respectivamente (Figura N° 4).

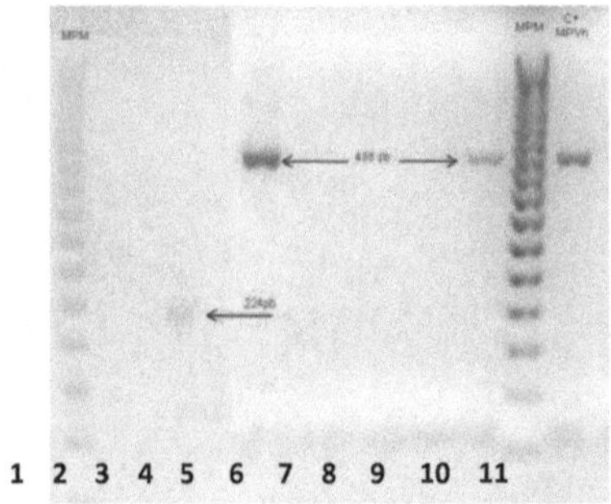


**(A)**: Muestras de pacientes positivos a BoVh (carril 4, banda de 224pb) y MPVh (Carril 6 y 11, banda de 486pb). Se puede apreciar el marcador de peso molecular de 50pb (MPM) (carril 12) y el C+ MPVh (carril 13).

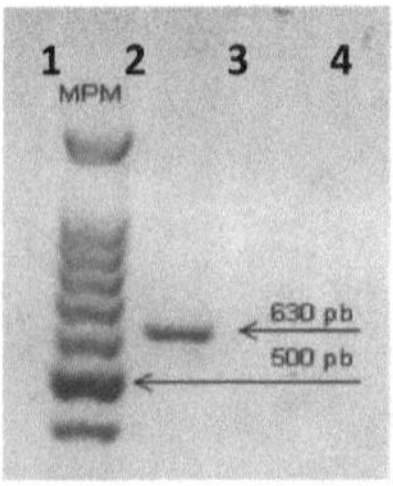


(**B**): Muestras de pacientes positivos a CoVh 229E (carril 2, 630pb). Se puede apreciar el marcador de peso molecular de

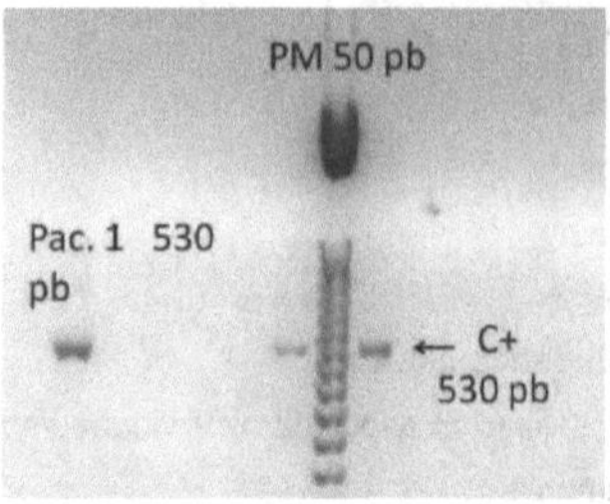


(C): Muestras de pacientes positivos a CoVh 229E (carril 2, 530pb). Se puede apreciar el marcador de peso molecular de 50 pb (PM).

**Figura N° 4**: Electroforesis en del de agarosa de los productos de PCR de pacientes positivos a MPVh, CoVh y BoVh.

El MPVh fue el agente etiológico más frecuente de los virus estudiados con 9,1%

(69/759) seguido por BoVh 3,4% (26/759) y CoVh 3,8% (29/759). El MPVh fue detectado en todos los años a excepción del 2014 y el CoVH OC43 fue detectado en 2010, 2011 y 2015 y el CoVH 229E en los años 2010 y 2015 (Tabla N°13). El porcentaje de positividad fue calculado en base al número total de muestras positivas a Virus Respiratorios no Influenza (VRnI), la cual incluye los positivos a otros agentes virales como Virus Respiratorio Sincisial (VRS), Parainfluenza virus 1-4 ab, Enterovirus, Rinovirus y Adenovirus.

En todos los grupos etarios se detectó la presencia de uno uno u otro de los virus estudiados (MPVh, BoVh y CoVhs) (Figura N°5). Los grupos etarios con mayor porcentaje de positividad fueron el grupo de pacientes en edades extremas de 0-5 años y > 60 años. En el primero (0-5 años) la positividad fue 37,7% (26/69) a MPVh, 61,5% (16/26) a BoVh y 27,6% (8/29) a CoVh; y en el segundo (> 60 años) fue de 7,2% (5/69) a MPVh, 11,5% (3/26) a BoVh y de 13,8% (4/29) a CoVh. De los 69 pacientes positivos a MPVh un porcentaje importante del 14,5% (10/69) fueron adultos entre 25-30 años.

En el género femenino se encontró una mayor porcentaje de MPVh con 72% (50/69) con respecto al género masculino, 28% (19/69). Mientras que se observó un porcentaje de positividad igual a BoVh entre los pacientes femeninos y masculinos (ambos generos con 50% (13/26). Mientras que se encontró que los pacientes infectados con CoVhs eran 48% (14/29) femeninos y 52% (15/29) masculinos.

**Tabla N°13**: Detección de MPVh, BoVh y CoVhs. Instituto Nacional de Higiene "Rafael Rangel", Caracas-Venezuela. 2010-2015.

| | Año de estudio (N=1812) | | | | | | |
|---|---|---|---|---|---|---|---|
| **Agente etiológico** | **2010 (n=719) n (%)** | **2011 (n=497) n (%)** | **2012 (n=448) n (%)** | **2013 (n=148) n (%)** | **2014 (n=132) n (%)** | **2015 (n=97) n (%)** | **Total n (%)** |
| +VRnI | 431 (59,9) | 153 (30,8) | 111 (24,8) | 63 (42,5) | 37 (28) | 41 (42,2) | 759 (41,8) |
| **MPVh** | 50 (11,6) | 5 (3,3) | 12 (10,8) | 2 (3,2) | 0 | 3 (7,3) | **69 (9,1)**[1] |
| **BoVh** | 17 (3,9) | 4 (2,2) | 4 (4,5) | 1 (1,6) | 0 | 0 | **26 (3,4)**[1] |
| **CoVs ( OC43)** | 20 (4,6) | 2 (1,3) | 0 | 0 | 0 | 1 (2,4) | **29 (3,8)**[1] |
| **CoVs (229E)** | 3 (0,9) | 0 | 0 | 0 | 0 | 3 (7,3) | |

VRnI = Virus Respiratorios no Influenza. [1] porcentaje calculado en base a número total de pacientes Positivos a VRnI (n=759)

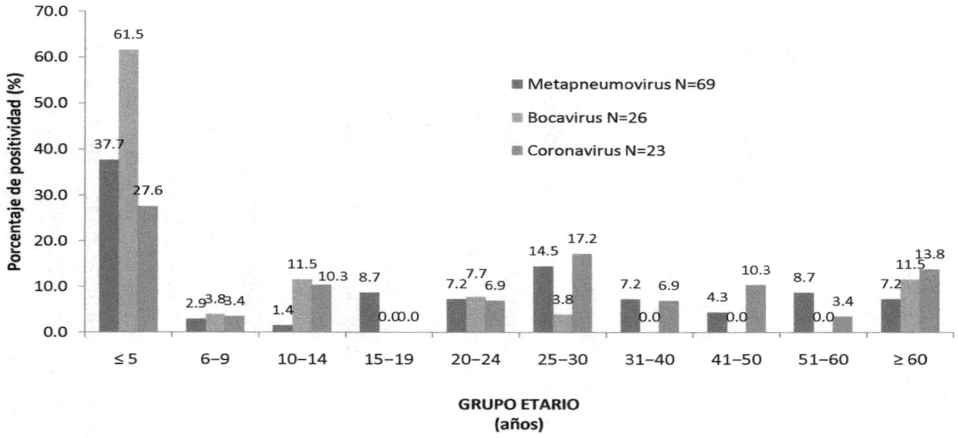


**Figura n°5**: Distribución de MPVh, BoVh y CoVhs en los distintos grupos etario. INHRR, Caracas-Venezuela 2010-2015.

Signos y síntomas y diagnostico clínico asociado a infecciones por MPVh, CoVH y BoVH en pacientes venezolanos 2010-2015.

Las características clínicas desarrolladas por los pacientes con infección por MPVh, BoVh o CoVh fueron de amplio espectro y poco específicas y los mismos se resumen en la figura nº 6. Se observo muchas similitudes de signo y síntomas entre los pacientes positivos a los virus estudiados. El 85,5% (59/69) de los pacientes positivos MPVh presentaron fiebre y tos, seguido por congestión nasal con 62,3% (43/69), disnea/tiraje/rinorrea el 58% (40/69) y malestar general y estridor con 46,4% (32/69). Luego cefalea 44,9% (31/69), mialgias 39,1% (27/69), estornudos 34,8% (2469), crepitante 33,3% (23/69), dolor torácico 30,4% (21/69), sibilantes 29% (20/69), taquipnea/dolor de garganta/artrialgias 23,2% (16/69), astenia 21,7% (15/69) y odinofagia/fatiga/nauseas/vomito en 20,3% (14/69). El 82,6% (57/69) de los pacientes positivos a MPVh presentaron IRAG asociada principalmente a neumonía (36,2%), bronconeumonía (2,4%) y bronquitis aguda (14,5%) e IRA altas con rinofaringitis, amigdalitis aguda (4,3%) y laringotraqueobronquitis en 1,4%. El 58% (40/69) requirieron hospitalización y 2,9% presentaron asma bronquial. En niños menores de 1 año se encontró que el 90% presentaron fiebre y tos; y el 70% presentaron IRA bajas asociadas a bronconeumonía y neumonía, de los cuales el 100% de los mismos requirieron hospitalización. Solo dos (2) pacientes fallecidos con co-morbilidad resultaron positivos a MPVh (Figura Nº 6).

Los pacientes positivos a MPVh, BoVh y CoVh fueron claisificados en cuatro categorías bien definidas de acuerdo al cuadro clínico que presentaron y según la Clasificacion Internacional de Enfermedades (CIE) decima revisión, 2010 (tabla n° 14). Las categorías fueron: Enfermedad Tipo Influenza (ETI) (fiebre y tos, ausencia de otro diagnostico), IRA alta (resfriado común o gripe, rinofaringitis, amigdalitis y laringotraqueobronquitis), IRA baja con neumonía y IRAG (necesidad de hospitalización, presencia o ausencia de fiebre, mas tos y dificultad respiratoria). Así, el 20,2% (14/69) de los pacientes positivos a MPVh presentaron ETI, el 62,3% (43/69) presentaron IRAG, 1,4% (1/69) presentaron IRA sin signos de neumonía o IRA alta y finalmente IRA asociada a neumonía en el 15,9% (11/69) (Tabla N°14).

Al igual que el MPVh el BoVh se estuvo presente en pacientes con espectro amplio de signos y síntomas, desde resfriado común con tos, fiebre y sibilante, hasta neumonía y pacientes fallecidos. Las características clínicas observadas en los pacientes con BoVh se resumen en la figura nº6. En general los signos y síntomas más comunes fueron: fiebre 92,3% (24/26), tos 84,6 % (22/26), disnea, escalofrío y malestar general en un 46,2% (12/26); congestión nasal, mialgias y taquipnea en el 30,8% (8/26); rinorrea en el 50% (13/26) y crepitante 34,6 % (9/26). También presentaron cefalea 28,6% (6/26), dolor torácico 15,4% (4/26), artralgia 19,2% (5/26), náuseas y vómito en el 7,7% (2/26). Por último se observó astenia, dolor de garganta y sibilante en un 14,3% y estornudo en el 4,8% de los pacientes positivos a BoVh. El 92,3% (24/26) de los pacientes con BoVh requirieron hospitalización. Las complicaciones observadas en estos pacientes fueron IRAG (63%), neumonía (44,4%) y bronquitis aguda (11,1%). Cuatro (4) pacientes eran fallecidos, representando 14,8% (Figura Nº9). De acuerdo al cuadro clínico que presentaron los pacientes positivos a BoVh el 11,5% (3/26) reflejaron un cuadro de ETI, 3,8% (1/26) tenían IRA sin signos de neumonía, 46,1% (12/26) desarrollaron IRA asociada a neumonía y un 38,4% (10/26) presentaron IRAG con necesidad de hospitalización (Tabla N° 14).

La infecciones por CoVh OC43 y 229E se encontraron en 24 pacientes a lo largo de los años de estudio y se caracterizan por un cuadro solapante al de los otros dos agentes estudiados. Generalmente el 87% (20/29) desarrollaron fiebre, 73,9% (17/29) tos, 41,4% (12/29) malestar general, 47,8% (11/26) congestión nasal, 43,5% (10/29) disnea y escalofrio, 39,1% (9/29) mialgias y taquipnea, 30,4% (7/29) rinorrea, cefalea, y crepitante. También presentaron dolor torácico, mialgias, nauseas, vómitos y ardor y dolor de garganta causando dificultad para tragar (Figura Nº 6). Las complicaciones severas desarrollados por estos pacientes infectados con CoVh OC43 y 229E, fueron: neumonía (23,8%), bronquitis aguda (4,8%) e IRAG asociada a otro diagnóstico no especificado en la historia clínica en un 28,6%. Según el cuadron clínico desarrollado por los pacientes positivos a CoVh, el 20,7% (6/29) presentaron ETI, el 41,4% (12/29) IRA alta asociada a gripe o refriado común, 6,9% (2/29) a IRA asociada a neumonía y 31% (9/29) a IRAG asociada a hospitalización.

En general los signos y síntomas observados en los pacientes infectados con estos agentes respiratorios, reflejan un compromiso importante de las vías respiratorias superiores con una tendencia marcada a desarrollar cuadros clínicos compatibles a refriado común, con tos, dolor de garganta hasta complicaciones mayores de las vías respiratorios inferiores provocada por la obstrucción debido a la presencia de líquido e inflamación de los ductos respiratorios, lo que conduce desarrollar hasta en un 44% de los casos neumonía, bronquitis aguda, bronconeumonía y rinofaringitis requiriendo de hospitalización en la mayoría de los casos.

**Tabla N° 14**: Diagnóstico clínico asociadas a los pacientes positivos a MPVh, BoVh y CoVh. Instituto Nacional de Higiene "Rafael Rangel", Caracas-Venezuela 2010-2015.

| **Diagnostico clínico** | **MPVh (N=69)** | | **BoVh (N=26)** | | **CoVh (N=29)** | |
|---|---|---|---|---|---|---|
| | n | (%) | n | (%) | n | (%) |
| **ETI** | 14 | 20.3 | 3 | 11.5 | 6 | **20.7** |
| **IRA sin neumonía o alta** | 1 | 1.4 | 1 | 3.8 | 12 | **41.4** |
| **IRA con neumonía o baja** | 11 | 15.9 | 12 | **46.1** | 2 | 6.9 |
| **IRAG** | 43 | **62.3** | 10 | 34.6 | 9 | 31.0 |

$p < 0.05$, 95% IC.

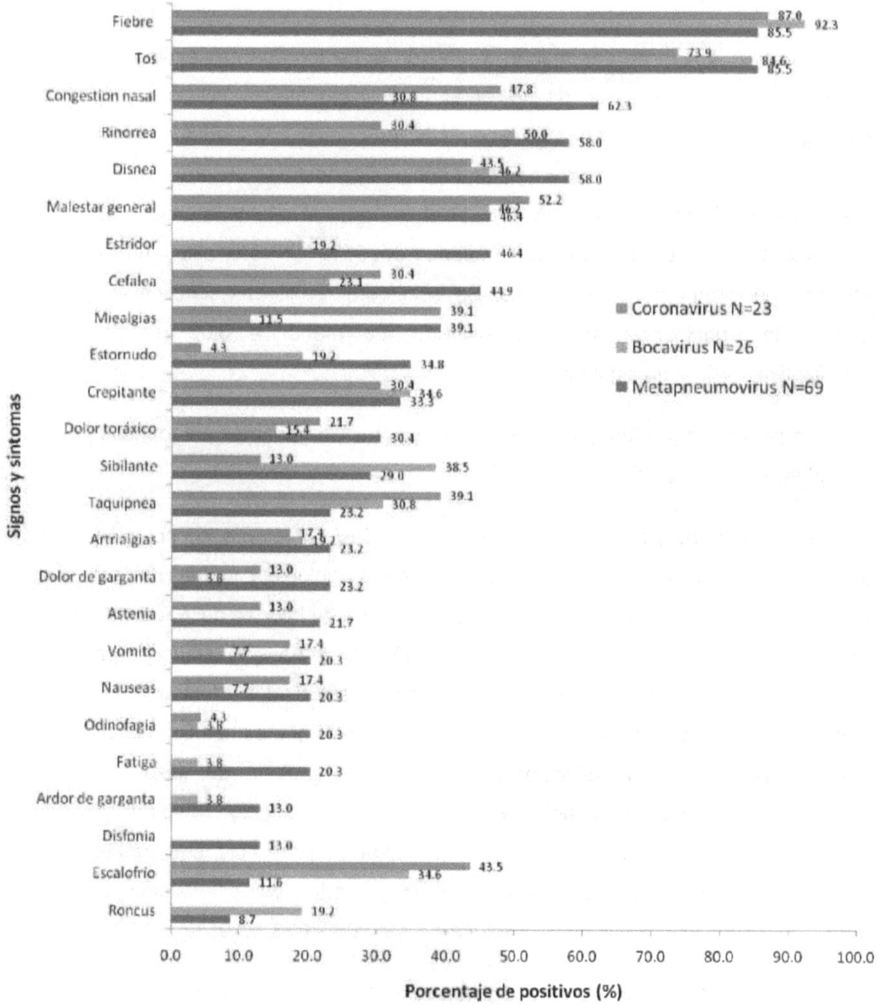


**Figura n°6**: Características clínicas de pacientes con MPVh, BoVh y CoVh. Instituto Nacional de Higiene “Rafael Rangel”, Caracas-Venezuela 2010-2015.

Analisis estadísticos

Con la finalidad de determinar la relación entre los agentes etiológicos estudiados y la presencia de la enfermedad, se realizaron tablas de contingencia para relacionar estadísticamente los parámetros medidos de los pacientes (edad, sexo, signos y síntomas, diagnóstico clínico) con la presencia del agente etiológico (MPVh, BoVh y CoVh) mediante la prueba de Chi cuadrado (con un Intervalo de Confianza del 95% (CI 95%, alfa = 0.05), utilizando el programa SPSS v.24.0. Se consideró resultados significativos cuando la significancia asintótica bilateral fue menor a 0,05 ($p<0,05$ significativo; $p>0,05$ no significativo).

Se realizaron pruebas de independencia entre las variables categoricas, y se plantearon las siguientes hipótesis:

1. ¿Los agentes etiológicos MPVh, BoVh y CoVh afectan a la población estudiada independiente del sexo? 2. ¿Los agentes etiológicos MPVh, BoVh y CoVh afectan a la población estudiada independiente de la edad del paciente? En ambos casos se obtuvo una $p>0.05$ (*$p=0.092$, IC de 95%*) lo cual significa que en nuestro tamaño poblacional los agentes estudiados afectan a los pacientes independientemente de la edad y del sexo, lo que es lo mismo decir que se distribuyen en la población de manera independiente del sexo y la edad. Por otro lado se estudio la gravedad de la infección respiratoria encontrada en los pacientes (tabla N° 14) con la presencia del agente etiológico. En este caso se encontró que la gravedad de la infección es dependiente del agente etiológico involucrado ($p=0.0000828$, IC 95%, gL=6).

Estos resultados son apoyados y corroborados mediante un ACORS, el cual reveló una correlación aparentemente cernana pero no significativa entre el BoVh y el MPVh con cuadros clínicos más severos. La figura N°7 muestra el ACORS en cuatro cuadrantes donde se organizan las variables incluidas en el análisis y los agentes virales en estudio. Las variables se agrupan según la cercanía que posean entre ellas dentro de dos ejes de coordenadas o dimensiones. Mientras más cercana se encuentren dos variables cualesquiera en el plano dimensional mayor será su correlación dentro de la población estudiada. Así, observamos que el BoVh y el MPVh se encontraron más asociados a los diagnosticos mas severos como IRA grave, neumonía, brionquitis aguda y hospitalización, asimismo a los sintomas como disnea, sibilantrs y crepitantes, fiebre, tos y artralgias.

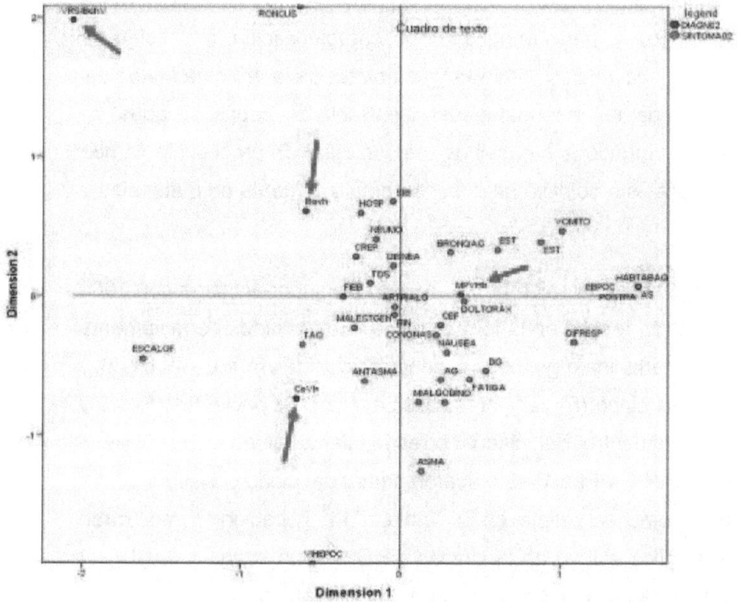


**Figura N°7:** análisis de correspondencias simples. Las variables se asocian en un plano de dos dimensiones, que indica la cercanía entre las mismas y los agentes involucrados. Las flechas rojas señalan los agentes MPVh, BoVh y CoVh. Realizado por

Caracterización molecular de MPVh

La caracterización molecular del MPVh se realizo con la amplificación por RT-PCR de un segmento de 486 pb del gen que codifica la proteína matriz. Luego de ser purificado del producto amplificado, fue secuenciado utilizando la tecnología de ABI PRISM 3100 Genetic Analyzer BigDye Terminator v. 3.1 (Applied Biosystems). El segmento amplificado corresponde a las posiciones 2126-2890nt dentro de la secuencia codificante de gen "M". Se logró amplificar y secuenciar cinco (5) muestras de pacientes con IRA positivas a MPVh (tabla Nº 15) y para enriquecer la caracterización molecular se compararon con 36 secuencias parciales y completas de la proteína Matriz del MPVh disponibles de la base datos del GenBank de cepas aisladas en distintos lugares del mundo (tabla nº 8 de metodología). El procedimiento que se llevó a cabo para este objetivo se describe detalladamente en materiales y métodos.

El árbol filogenético obtenido por el método Neighbor-Joinnige con 1000 repeticiones bootstrap resultó en la formación de cuatro clados perfectamente diferenciados con cada linaje genético o genotipo del MPVh (A1, A2, B1, B2) (Figura Nº8). De las cinco (5) pacientes caracterizados, 2 pacientes (Pac.2 y Pac.5) se ubicaron dentro del clado correspondiente al genotipo A2 y 3 pacientes (Pac.1, Pac.3 y Pac.4) se ubicaron dentro del clado correspondiente al genotipo B2. Como se refleja en la Tabla n°14, 4 pacientes mostraron neumonía y 1 de ellos estuvo en la Unidad de Cuidados Intensivos (UCI); 4 estuvieron hospitalizados y 1 de ellos tenía un embarazo de 45 semanas. También se encontró ambos genotipos en pacientes tanto de sexo femenino como masculino.

Todos los pacientes positivos a genotipo B2 tenían neumonía y fueron hospitalizados (3/3), y 2/3 poseian dificultad respiratoria. Por otro lado, los pacientes con genotipo A2 estuvieron asociados a bronquitis aguda (2/2) (tabla n° 15). En resumen, los positivos al genotipo B2 de MPVh desarrollaron un cuadro clínico más severo asociado principalmente a neumonía con dificultad respiratoria o disnea y necesidad de hospitalización e incluso 1 de ellos en UCI; mientras que los positivos al genotipo A2 eran pacientes asociados a un cuadro clínico caracterizado por IRA con bronquitis aguda, sin dificultad respiratoria y solo uno de ellos requirió hospitalización.

**Tabla N°15**: Pacientes con IRAG vs. Genotipos de MPVh

| Paciente | Signos y Síntomas | Diagnóstico clínico | Genotipo MPVh |
|---|---|---|---|
| 1 | EST, DIS, T, TQ. | Hospitalizado, UCI. | Genotipo B2 |
| 2 | F, E, C, M, CN, R, EST, DG, T, MG, AS | Bronquitis aguda. Emb 45 sem. | Genotipo A2 |
| 3 | F, CN, R, EST, Tir, DIS, SI, MG, AS | Hospitalizado Neumonía | Genotipo B2 |
| 4 | CN, R, TQ, DIS, MG, Tir | Hospitalizado Neumonía | Genotipo B2 |
| 5 | F, R, T | Hospitalizado Bronquitis aguda | Genotipo A2 |

Leyenda: F: fiebre; T: tos; E: escalofrío; R: rinorrea; C: cefalea; M: mialgia; Tir: tiraje; TQ: taquipnea; UCI: unidad de cuidados intensivos; EST: estornudo; CN: congestión nasal; D: diarrea; DIS: disnea; DG: dolor de garganta; MG: malestar general; AS: astenia.

Caracterización molecular de Coronavirus 229E.

La caracterización molecular del CoVh 229E se realizó empleando una secuencia parcial de 630 pb de la proteína spike (S), amplificada y detectada del hisopado nasal y faríngeo de dos pacientes con IRA (Tabla N°16) únicamente positivo a CoVH 229E (con resultaron negativos a Influenza A, B, VRS, PIV1, 2, 3, 4, Rinovirus, Enterovirus, Adenovirus, MPVh, BoVh y CoH OC43). La banda fue secuenciada bidireccionalmente utilizando la tecnología de ABI PRISM 3100 Genetic Analyzer BigDye Terminator v3.1 (Applied Biosystems) y posteriormente limpiada para obtener una secuencia más corta de 500 pb. Esta secuencia final fue alineada junto con 44 secuencias parciales de la proteína "S", proveniente de cepas desde 1979 hasta 2008 y 2 secuencia completa de CoVh 229E cepa ATCC VR-740 (cepa referencia) (tabla Nº 9 en metodología), las cuales fueron obtenidas de la base NCBI y alineadas mediante el programa online Clustal Omega (http://www.ebi.ac.uk/Tools/msa/clustalo) como se describen en materiales y métodos.

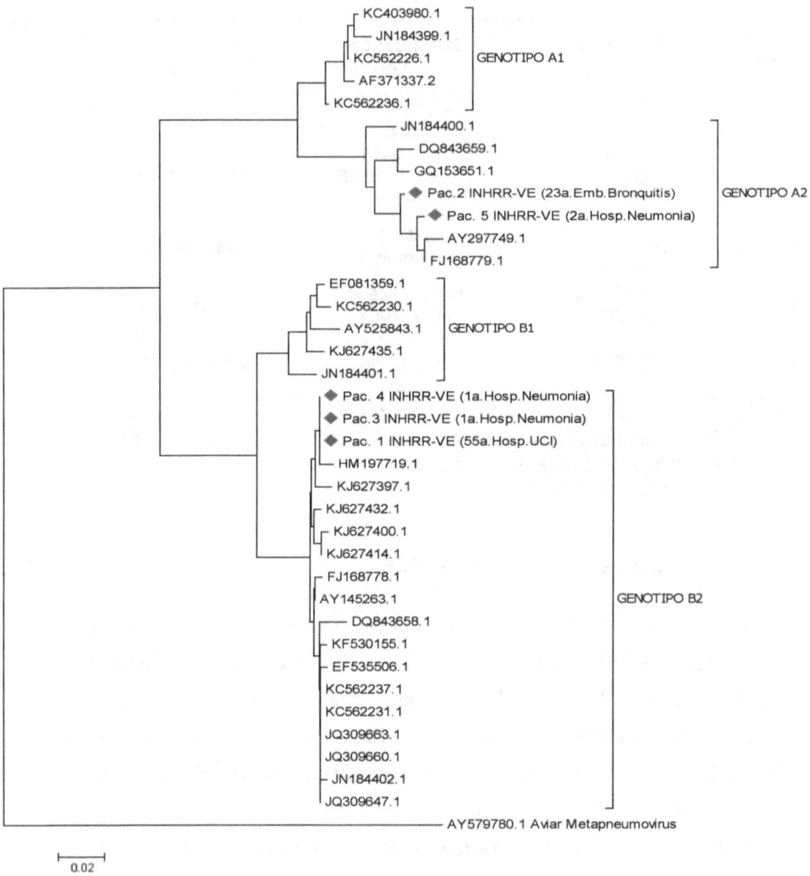


**Figura Nº8**: Análisis filogenético de la secuencia de 489pb de la proteína matriz de MPVh. El árbol muestra la formación de cuatro clados perfectamente separados y se aprecia en círculos rojos la ubicación de los cinco (5) pacientes del INHRR-VE dentro de los genotipos de MPVh. Los pacientes 1, 3 y 4 (Pac. 1, Pac. 3 y Pac. 4) pertenecen al genotipo G2; mientras que los pacientes 2 y 5 (Pac. 2 y Pac. 5) pertenecen al genotipo A2. El análisis se realizó con el programa MEGA versión 4.1 con el método de Neighbour-Joinnig, se utilizaron 1000 interacciones Bootstrap. El árbol fue anclado empleando una secuencia de Metapneumovirus aviar.

Una vez alineadas todas las secuencias nucleotídicas con respecto a la secuencia patrón de la Spike Glicoproteina "S" ATCC VR-740 (Figura N° 9), fueron procesadas con el programa MEGA v7.0 para la construcción del árbol filogenético utilizando el método Neighbour-Joinnig con 1000 repeticiones bootstrap (Figura Nº 10). El gen "S" de CoVh-229E tiene una longitud de 3513 nt y codifica una proteína de 1173 residuos de aa, posee un domino N-termina llamado S1 (codones 16-560), un dominio S2 (561-1173) que contiene varia repeticiones heptámetros, un dominio trans-membrana (codones 1117-1138) y un tallo citoplasmático (codones 1139-1173) (Chibo y Birch, 2006). La secuencia amplificada de los pacientes incluidos en el análisis filogenéticos cuyas características se muestras en la tabla Nº 16, fue de 500pb y se encuentra entre los nucleótidos 2230-2729 nt del gen S y la misma se alinea entre los residuos 744 Arginina "R" y el residuo 911 Leucina "L" del dominio S2 abarcando una longitud de 165 aa. (Figura Nº 9).

El análisis filogenético se basó en el estudio de Chibo y Birch 2006 quienes emplearon cepas virales aisladas en años diferentes. El árbol filogenético generado con el empleo de proteína "S" de los CoVh229E, mostró la formación de cuatro grupos distintos formados por cepas virales asociadas temporalmente (Figura Nº 10). De esta manera, en el primer grupo abarca los CoVh 229E que circularon durante 1979-1982, el segundo grupo los que circulantes entre los años 1982-1984, luego los que circularon entre 1990-1992 y finalmente los que circularon entre 2001-2008. La secuencias analizadas de las cepas de virus detectadas en nuestros pacientes positivos a CoVh 229E (n=24) durante el estudio, se encontraron cercanas genéticamente a las cepas circulantes en el grupo 2001-2008 (Figura Nº 10).

**Tabla N° 16**: Características clínicas de los pacientes positivos a CoVH 229E y OC43 incluidos en el análisis filogenético.

| Paciente | Signos y Síntomas | Diagnóstico clínico | CoVh |
|---|---|---|---|
| 1 | F, DA, DE, EST | Neumonía | 229E |
| 2 | DE, CN, EST, DA, DRO, C | IRA alta | 229E |
| 3 | F, ESC, | Neumonía, VIH. | OC43 |

Leyenda: F: fiebre; T: tos; E: escalofrío; R: rinorrea; C: cefalea; M: mialgia; Tir: tiraje; TQ: taquipnea; UCI: unidad de cuidados intensivos; EST: estornudo; CN: congestión nasal; D: diarrea; DIS: disnea; DG: dolor de garganta; MG: malestar general; AS: astenia, DA: dolor abdominal, DE: decaimiento, EST: estornudo, DRO: dolor retrocular.

| Cepa/Residuo de animoacido | 765 775 792 871 |
|---|---|
| CoVH-229E/ATCC/VR-740 AB691763 | E R M A M S A V S I P F S L A I Q A R L N L Q E N Q K I L Y D R L D T I Q A D Q Q V D R |
| CoVH-229E/ATCC/VR-740 DQ243963 | E R M A M S A V S I P F S L A I Q A R L N L Q E N Q K I L Y D R L D T I Q A D Q Q V D R |
| CoVH-229E/Venezuela/INHRR-P06/2015 | - R M A M S A A S I P F S L A I Q S R L N L Q E N Q K I L Y D R L D I I Q A D Q Q V D R |
| CoVH-229E/Venezuela/INHRR-P7/2015 | - R M A M S A A S I P F S L A I Q S R L N L Q E N Q R I L Y D R L D I I Q A D Q Q V D R |
| CoVH-229E/Venezuela/INHRR-P08/2015 | - R M A M S A A S I P F S L A I Q S R L N L Q E N Q K I L Y D R L D I I Q A D Q Q V D R |
| CoVH-229E/UK/Leciester/A162 Y10051 | E R M A M S A A S I P F S L A I Q S R L N L Q E N Q K I L Y D R L D I I Q A D Q Q V D R |
| CoVH-229E/UK/Leciester/LRI281 Y10052 | E R M A M S A V S I P F S L A I Q A R L N L Q E N Q K I L Y D R L D T I Q A D Q Q V D R |
| CoVH-229E/USA/Denber/P100E AF344189 | E R M A M S A V S I P F S L A I Q A R L N L Q E N Q K I L Y D R L D T I Q A D Q Q V D R |
| CoVH-229E/Alemania/Wurzburg02 NC 002645 | E R M A M S A V S I P F S L A I Q A R L N L Q E N Q K I L Y D R L D T I Q A D Q Q V D R |
| CoVH-229E/Alemania/Wurzburg01 AF304460 | E R M A M S A V S I P F S L A I Q A R L N L Q E N Q K I L Y D R L D T I Q A D Q Q V D R |
| CoVH-229E/Alemania/Wurzburg X16816 | E R M A M S A V S I P F S L A I Q A R L N L Q E N Q K I L Y D R L D T I Q A D Q Q V D R |
| CoVH-229E/USA/Denber/P11B AF344188 | E R M A M S A V S I P F S L A I Q A R L N L Q E N Q K I L Y D R L D T I Q A D Q Q V D R |
| CoVH-229E/USA/Denber/P11A AF344187 | E R M A M S A V S I P F S L A I Q A R L N L Q E N Q K I L Y D R L D T I Q A D Q Q V D R |
| CoVH-229E/USA/Denber/RWstock AF344186 | E R M A M S A V S I P F S L A I Q A R L N L Q E N Q K I L Y D R L D T I Q A D Q Q V D R |
| CoVH-229E/Australia/Melbourne/16/6/82 DQ243965 | E R M A M S A A S I P F S L A I Q A R L N L Q E N Q K I L Y D R L D I I Q A D Q Q V D R |
| CoVH-229E/Australia/Melbourne/8/11/82b Q243970 | E R M A M S A A S I P F S L A I Q A R L N L Q E N Q K I L Y D R L D I I Q A D Q Q V D R |
| CoVH-229E/Australia/Melbourne/8/11/82a DQ243969 | E R M A M S A A S I P F S L A I Q A R L N L Q E N Q K I L Y D R L D I I Q A D Q Q V D R |
| CoVH-229E/Australia/Melbourne/22/9/82 DQ243966 | E R M A M S A A S I P F S L A I Q A R L N L Q E N Q K I L Y D R L D I I Q A D Q Q V D R |
| CoVH-229E/Australia/Melbourne/11/6/79 DQ243964 | E R M A M S A A S I P F S L A I Q A R L N L Q E N Q K I L Y D R L D I I Q A D Q Q V D R |
| CoVH-229E/Australia/Melbourne/29/7/84 DQ243971 | E R M A M S A A S I P F S L A I Q S R L N L Q E N Q K I L Y D R L D I I Q A D Q Q V D R |
| CoVH-229E/Australia/Melbourne/5/9/84 DQ243972 | E R M A M S A A S I P F S L A I Q S R L N L Q E N Q K I L Y D R L D I I Q A D Q Q V D R |
| CoVH-229E/Australia/Melbourne/21/10/82 DQ243968 | E R M A M S A A S I P F S L A I Q S R L N L Q E N Q K I L Y D R L D I I Q A D Q Q V D R |
| CoVH-229E/Australia/Melbourne/6/10/82 DQ243967 | E R M A M S A A S I P F S L A I Q S R L N L Q E N Q K I L Y D R L D I I Q A D Q Q V D R |
| CoVH-229E/USA/Nashville/932-72/1993 KF514432 | E R M A M S A A S I P F S L A I Q S R L N L Q E N Q K I L Y D R L D I I Q A D Q Q V D R |
| CoVH-229E/USA/Nashville/933-50/1993 KF514430 | E R M A M S A A S I P F S L A I Q S R L N L Q E N Q K I L Y D R L D I I Q A D Q Q V D R |
| CoVH-229E/Australia/Melbourne/12/5/92 DQ24397 | E R M A M S A A S I P F S L A I Q S R L N L Q E N Q K I L Y D R L D I I Q A D Q Q V D R |
| CoVH-229E/Australia/Melbourne/17/6/92 DQ243976 | E R M A M S A A S I P F S L A I Q S R L N L Q E N Q K I L Y D R L D I I Q A D Q Q V D R |
| CoVH-229E/Australia/Melbourne/25/6/92 DQ243974 | E R M A M S A A S I P F S L A I Q S R L N L Q E N Q K I L Y D R L D I I Q A D Q Q V D R |
| CoVH-229E/Australia/Melbourne/24/6/90 DQ243973 | E R M A M S A A S I P F S L A I Q S R L N L Q E N Q K I L Y D R L D I I Q A D Q Q V D R |
| CoVH-229E/Japan/Tokyo/Sendai-H/1948/04 AB691766 | E R M A M S A A S I P F S L A I Q S R L N L Q E N Q K I L Y D R L D I I Q A D Q Q V D R |
| CoVH-229E/Japan/Tokyo/Sendai-H/826/04 AB691765 | E R M A M S A A S I P F S L A I Q S R L N L Q E D Q K I L Y D R L D I I Q A D Q Q V D R |
| CoVH-229E/USA/Nashville/933-40/1993 KF514433 | E R M A M S A A S I P F S L A I Q S R L N L Q E N Q K I L Y D R L D I I Q A D Q Q V D R |
| CoVH-229E/Australia/Melbourne/6/1/03 DQ243980 | E R M A M S A A S I P F S L A I Q S R L N L Q E N Q K I L Y D R L D I I Q A D Q Q V D R |
| CoVH-229E/Australia/Melbourne/30/7/03 DQ243983 | E R M A M S A A S I P F S L A I Q S R L N L Q E N Q K I L Y D R L D I I Q A D Q Q V D R |
| CoVH-229E/Holanda/Amsterdam/0349/2010 JX503060 | E R M A M S A A S I P F S L A I Q S R L N L Q E N Q K I L Y D R L D I I Q A D Q Q V D R |
| CoVH-229E/Australia/Melbourne/19/8/03 DQ243985 | E R M A M S A A S I P F S L A I Q S R L N L Q E N Q K I L Y D R L D I I Q A D Q Q V D R |
| CoVH-229E/Australia/Melbourne/14/8/03 DQ243984 | E R M A M S A A S I P F S L A I Q S R L N L Q E N Q K I L Y D R L D I I Q A D Q Q V D R |
| CoVH-229E/Australia/Melbourne/8/801 DQ243977 | E R M A M S A A S I P F S L A I Q S R L N L Q E N Q K I L Y D R L D I I Q A D Q Q V D R |
| CoVH-229E/Australia/Melbourne/27/8/01 DQ243978 | E R M A M S A A S I P F S L A I Q S R L N L Q E N Q K I L Y D R L D I I Q A D Q Q V D R |
| CoVH-229E/Australia/Melbourne/25/8/03 DQ243986 | E R M A M S A A S I P F S L A I Q S R L N L Q E N Q K I L Y D R L D I I Q A D Q Q V D R |
| CoVH-229E/Australia/Melbourne/21/6/02 DQ243979 | E R M A M S A A S I P F S L A I Q S R L N L Q E N Q K I L Y D R L D I I Q A D Q Q V D R |
| CoVH-229E/China/Niigatagi/01/08 AB691767 | E R M A M S A A S I P F S L A I Q S R L N L Q E N Q K I L Y D R L D I I Q A D Q Q V D R |
| CoVH-229E/Japan/Tokyo/Sendai-H/1121/04 AB691764 | E R M A M S A A S I P F S L A I Q S R L N L Q E N Q K I L Y D R L D I I Q A D Q Q V D R |
| CoVH-229E/Australia/Melbourne/24/4/03 DQ243982 | E R M A M S A A S I P F S L A I Q S R L N L Q E N Q K I L Y D R L D I I Q A D Q Q V D R |

**Figura Nº 9**: Alineamiento de secuencia de aa de la proteína "S" de cepas de CoVh 229E. De arriba hacia abajo: la primera secuencia corresponde a la cepa patrón AB691763.1 del año 1972 la cual posee una longitud de 1172 aa, luego las secuencias obtenidas en tres pacientes con IRA del INHRR cuya longitud es 165 aa (CoVh-229E/Venezuela/INHRR-P6,P7,P8/2015). Se aprecia tres sustituciones de aa entre la secuencia patrón y las secuencias obtenidas de los pacientes con IRA en las posiciones 755, 775 y 871 (resaltadas en verde).

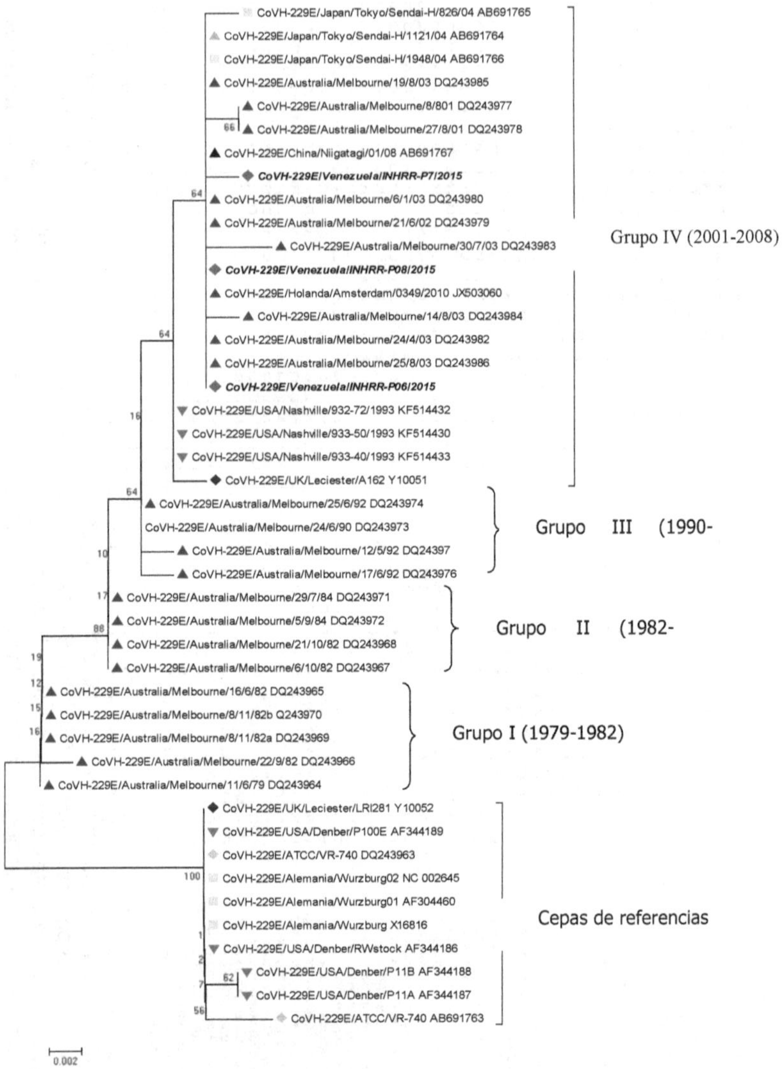


**Figura Nº 10**: Árbol filogenético del gen S de CoVh 229E. El análisis se llevó a cabo por el método de Neighbour-Joinnig con 1000 repeticiones bootstrap. Cinco grupos temporalmente distantes. Grupo de cepas referencias de 1973, grupo I (cepas de 1979-1982), grupo II (cepas 1892-1984), grupo III (cepas 1990-1992) y grupo IV (cepas 2001-2008).

Caracterización molecular de CoVh OC43

El gen de la glicoproteína de superficie "S" de CoVh OC43 tiene una longitud de 4086 pb y la secuencia obtenida de las muestras de los pacientes con IRA luego de la limpieza resulto con una longitud de 499 pb que se ancla entre los nucleótidos 2868-3367 del gen S. El alineamiento fue realizado por el software Clustal Omega (http://www.ebi.ac.uk/Tools/msa/clustalo) y analizado con el editor de secuencias BioEdit (Figura N° 11). Las secuencias alineadas fueron cargadas en el programa MEGA v7.0 para la construcción de un árbol filogenético Neighbour-Joinnig con 1000 repeticiones bootstrap (Figura N° 12).

El análisis filogenético fue producto del estudio de la topología del árbol generado por el alineamiento de 40 secuencias completas del gen "S" de cepas de CoVH-OC43 aisladas en distintos países y años y la secuencia parcial de 499pb obtenida de los pacientes venezolanos con IRA en 2015.

La figura N° 12 muestra el árbol obtenido por el método Neighbor-joining con 1000 repeticiones bootstrap donde se observan distintos clados o grupos correspondiente a los genotipos descritos previamente por Lau y col., 2011 y Kin y col., 2015. Se formaron dos clados bien definidos: un clado correspondiente al genotipo A conformado por las cepas patrones ATCC VR-759 (AY391777, AY585228) y la cepa Paris ATCC VR-759 (AY585229) y un clado correspondiente al genotipo C conformado por 19 cepas: 7 cepas de Francia aisladas entre 2001-2015; 7 cepas de USA aislados en 1990, 1991, 1992, 1995, 1996, 1997 y 2000; 2 cepas de Hong Kong aislados en 2004; 2 cepas de Beijing aislados en 2005 y 2006 y 1 cepa patrón BE03 aislada en 2003 en Bélgica. Adicionalmente se formó un clado correspondiente a un genotipo denominado BE que incluye cepas de los genotipos B y E, compuesto por 8 cepas de Francia, 6 cepas de USA, 1 cepa de Bélgica BE04 y 1 cepa de Beijing de 2010.

Finalmente un clado denominado en este estudio como genotipo "V" de Venezuela conformado por nuestra cepa CoVh-OC43/Venezuela/INHRR-01/2015 y una cepa de USA de 1987 (CoVh-OC43/USA/872-5/1987). Este resultado es sustentado por un peso en la base del clado de 36 % de posibilidad para la formación del clado V y 28% para el clado BE (Figura N° 12).

| Cepa/residuo de aminoacido | |
|---|---|
| CoVH-OC43/ATCC/VR-759/(AY391777) | L I C V L L S E N Q I S G Y F P L W T A A A G V P N G L G V T M D V L S N A L Y G A I S A S L Q E |
| CoVh-OC43/ATCC/VR-759/1967/(AY585228) | L I C V L L S E N Q I S G Y F P P W T A A A G V P N G L G V T M D V L S N A L Y G A I S A S L Q E |
| CoVH-OC43/Paris/(AY585229) | L I C V L L S E N Q F S G Y F P P W T A A A G V P N G L G V T M D V L S N A L Y G A I S A S L Q E |
| CoVH-OC43/HongKong-CHINA/HK04-01/2004 (JN129834) | L I C V L L S E N Q I S G Y F P P W T A A A G V P N G L G V T M D V L S N A L H G A I S A S L Q E |
| CoVH-OC43/HongKong/CHINA/HK04-02/2004 (JN129835) | L I C V L L S E N Q I S G Y F P P W T A A A G V P N G L G V S M D V L S N A L H G A I S A S L Q E |
| CoVh-OC43/Belgica/2003/(AY903457) | L I C V L L S E N Q I S G Y F P P W T A A A G V P N G L G V T M D V L S N A L D G A I S S S L Q E |
| CoVh-OC43/Belgica/2004/(AY903460) | L I C V L L S E N Q I S G Y F P P W T A A A G V P N G L G V T M D V L S N A L H G A I S A S L Q E |
| CoVH-OC43/USA/872-5/1987 KF530086 | L I C V L L S E N Q I S G Y F P P W T A A A G V P N G L G V T M D V L S N A L D G A I S S S L Q E |
| CoVh-OC43/Venezuela/INHRR-01/2015 | - - - - - - - - - Q I S G Y F P P W T A A A G V P N G L G V T M D V L S N A L D G A I S S S L Q E |
| CoVB/Bovino/Quevec (AF220295) | L I C V L L S V N Q I S G Y F P P L S A A V G V P N G I G V T M D V L S N A L D G A I S S S L Q E |
| CoVH-OC43/FRANCIA/Caen/2002-03/(KF963232) | L I C V L L S E N Q I S G Y F P P W T A A A G V P N G L G V T M D V L S N A L H G A I S A S L Q E |
| CoVH-OC43/USA/925-1/1992 KF530071 | L I C V L L S E N Q I S G Y F P P W T A A A G V P N G L G V T M D V L S N A L Y G A I S A S L Q E |
| CoV-OC43/USA/911-58/1991/(KF530091) | L I C V L L S E N Q I S G Y F P P W T A A A G V P N G L G V T M D V L S N A L Y G A I S A S L Q E |
| CoVH-OC43/USA/901-54/1990 KF530088 | L I C V L L S E N Q I S G Y F P P W T A A A G V P N G L G V T M D V L S N A L Y G A I S A S L Q E |
| CoVh-OC43/FRANCIA/Caen/2001-02/(KF963231) | L I C V L L S E N Q I S G Y F P P W T A A A G V P N G L G V T M D V L S N A L Y G A I S A S L Q E |
| CoV-OC43/USA/007-11/2000/(KF530068) | L I C V L L S E N Q I S G Y F P P W T A A A G V P N G L G V T M D V L S N A L N G A I S A S L Q E |
| CoVh-OC43/USA/971-05/1997/(KF530099) | L I C V L L S E N Q I S G Y F P P W T A A A G V P N G L G V T M D V L S N A L Y G A I S A S L Q E |
| CoV-OC43/USA/965-6/1996/(KF530098) | L I C V L L S E N Q I S G Y F P P W T A A A G V P N G L G V T M D V L S N A L Y G A I S A S L Q E |
| CoV-OC43/USA/951-18/1995/(KF530084) | L I C V L L S E N Q I S G Y F P P W T A A A G V P N G L G V T M D V L S N A L Y G A I S A S L Q E |
| CoVh-OC43/Beijing/CHINA/229-2005/(KF572816) | L I C V L L S E N Q I S G Y F P P W T A A A G V P N G L G V T M D V L S N A L H G A I S A S L Q E |
| CoVH-OC43/Beijing/CHINA/3647-2006/(KF572818) | L I C V L L S E N Q I S G Y F P P W T A A A G V P N G L G V T M D V L S N A L H G A I S A S L Q E |
| CoVH-OC43/FRANCIA/Caen/2004-06/(KF963235) | L I C V L L S E N Q I S G Y F P P W T A A A G V P N G L G V T M D V L S N A L H G A I S A S L Q E |
| CoVH-OC43/Francia EPI/Caen/2011-13 KF963242 | L I C V L L S E N Q I S G Y F P P W T A A A G V P N G L G V T M D V L S N A L H G A I S A S L Q E |
| CoVH-OC43/FRANCIA/Caen/2009-11/(KF963240) | L I C V L L S E N Q I S G Y F P P W T A A A G V P N G L G V T M D V L S N A L H G A I S A S L Q E |
| CoVH-OC43/FRANCIA/Caen/2013-15/(KF963244) | L I C V L L S E N Q I S G Y F P P W T A A A G V P N G L G V T M D V L S N A L H G A I S A S L Q E |
| CoVH-OC43/FRANCIA/Caen/2012-14/(KF963243) | L I C V L L S E N Q I S G Y F P P W T A A A G V P N G L G V T M D V L S N A L H G A I S A S L Q E |
| CoVH-OC43/FRANCIA/Caen/2003-05/(KF963234) | L I C V L L S E N Q I S G Y F P P W T A A A G V P N G L G V T M D V L S N A L D G A I S S S L Q E |
| CoVH-OC43/FRANCIA/Caen/2006-08/(KF963237) | L I C V L L S E N Q I S G Y F P P W T A A A G V P N G L G V T M D V L S N A L D G A I S S S L Q E |
| CoVH-OC43/FRANCE/Caen/2008-10/(KF963239) | L I C V L L S E N Q I S G Y F P P W T A A A G V P N G L G V T M D V L S N A L D G A I S S S L Q E |
| CoVH-OC43/Francia EPI/Caen/2010-12 KF963241 | L I C V L L S E N Q I S G Y F P P W T A A A G V P N G L G V T M D V L S N A L D G A I S S S L Q E |
| CoVh-OC43/Beijing/CHINA/1783A-2010/(KF572804) | L I C V L L S E N Q I S G Y F P P W T A A A G V P N G L G V T M D V L S N A L D G A I S S S L Q E |
| CoVH-OC43/Francia EPI/Caen/2007-09 KF963238 | L I C V L L S E N Q I S G Y F P P W T A A A G V P N G L G V T M D V L S N A L D G A I S S S L Q E |
| CoVH-OC43/FRANCIA/Caen/2005-07/(KF963236) | L I C V L L S E N Q I S G Y F P P W T A A A G V P N G L G V T M D V L S N A L D G A I S S S L Q E |
| CoVH-OC43/Francia EPI/Caen/2005-07 KF963236 | L I C V L L S E N Q I S G Y F P P W T A A A G V P N G L G V T M D V L S N A L D G A I S S S L Q E |
| CoVH-OC43/Francia EPI/Caen/2001-01 KF963230 | L I C V L L S E N Q I S G Y F P P W T A A A G V P N G L G V T M D V L S N A L D G A I S S S L Q E |
| CoVh-OC43/FRANCIA/Caen/2002-04/(KF963233) | L I C V L L S E N Q I S G Y F P P W T A A A G V P N G L G V T M D V L S N A L D G A I S S S L Q E |
| CoV-OC43/USA/008-5/2000/(KF530092) | L I C V L L S E N Q I S G Y F P P W T A A A G V P N G L G V T M D V L S N A L D G A I S S S L Q E |
| CoVH-OC43/USA/008-5/2000 KF530092 | L I C V L L S E N Q I S G Y F P P W T A A A G V P N G L G V T M D V L S N A L D G A I S S S L Q E |
| CoVH-OC43/USA/952-23/1995/KF530062 | L I C V L L S E N Q I S G Y F P P W T A A A G V P N G L G V T M D V L S N A L D G A I S S S L Q E |
| CoV-OC43/USA/931-85/1993/(KF530090) | L I C V L L S E N Q I S G Y F P P W T A A A G V P N G L G V T M D V L S N A L D G A I S S S L Q E |
| CoVH-OC43/USA/8912-37/1989 KF530073 | L I C V L L S E N Q I S G Y F P P W T A A A G V P N G L G V T M D V L S N A L D G A I S S S L Q E |
| CoV-OC43/USA/832-27/1983/(KF530093) | L I C V L L S E N Q I S G Y F P P W T A A A G V P N G L G V T M D V L S N A L D G A I S S S L Q E |

**Figura Nº11**: Alineamiento de secuencia del S de CoVH OC43. La Imagen corresponde a un segmento parcial de 49 nt del alineamiento completo de las secuencias. De arriba hacia abajo se encuentran las cepas patrones ATCC VR-759, cepa Paris, cepas de Hong Kong, cepas de Bélgica, cepa USA de 1987 y la cepa Venezolana CoVH-OC43/Venezuela/INHRR-01/2015.

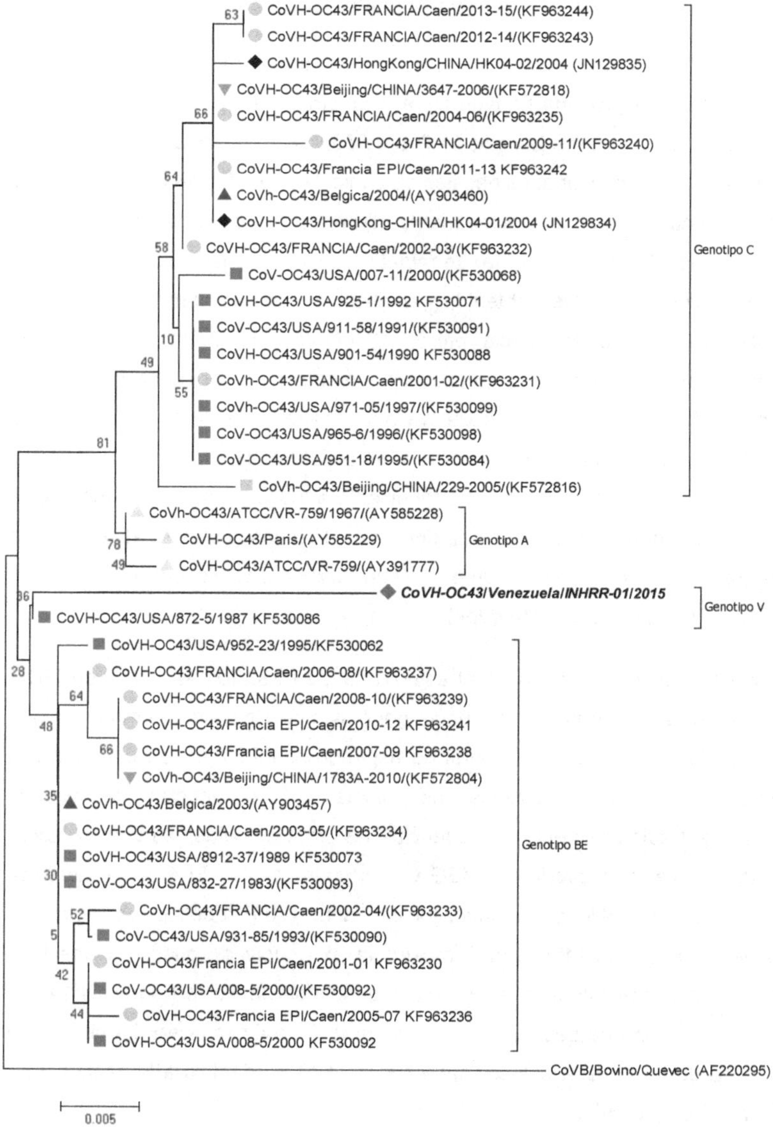


**Figura nº12**: Análisis filogenético de gen S de CoVh OC43. Los cuadros marrones indican las cepas de CoVh OC43 de USA, los círculos grises las cepas de Francia, los triángulos azules las cepas de Bélgica, los triángulos naranja cepas de China, rombo negro cepas de referencia de Hong Kong. Tres genotipos formados: genotipo A, genotipo C, genotipo BE y un nuevo genotipo VE formado por el aislado CoVh-OC43/Venezuela/INHRR-01/2015.

Caracterización molecular de Bocavirus humano

La caracterización molecular de Coronavirus Humano se realizó utilizando el gen que codifica la proteína no estructural (Nonstructural protein) NP1 de BoVh. Una banda de 240 pb entre la posición 298nt-553nt fue amplificada por RT-PCR a partir de muestras de hisopados nasales de pacientes con IRA positivo a BoVh. La banda fue secuenciada bidireccionalmente utilizando la tecnología de ABI PRISM 3100 Genetic Analyzer BigDye terminator v3.1 (Applied Biosystems). La secuencia consenso fue obtenida analizando ambas productos ab1 y comparándola con la secuencia patrón DQ000495 de BoVh especie 1. El Bocavirus humano 1 (BoVh st1) posee el genoma más pequeño de los virus de ADN con 5300 nucleótidos. La secuencia amplificada se ancla en las posiciones 2637nt-2892nt. Para enriquecer el análisis, se utilizaron 21 secuencias completas de genomas de Bocavirus humano perteneciente a todos los genotipos (genotipos 1, 2, 3 y 4) obtenidas de las bases de datos del NCBI las cuales se alinearon con el programa online Clustaw Omega (http://www.ebi.ac.uk/Tools/msa/clustalo) (Tabla Nº 11 en materiales y métodos)

Nuestro análisis se basó en el estudio de Cardozo-Tomas y col., en 2015, quienes reportaron la primera secuencia genómica de Bocavirus humano 1 en la ciudad de Córdoba, Argentina a partir de aspirado nasofaríngeo de una niña con Bronqueolitis. Fueron empleadas las mismas 12 secuencias del estudio mencionado y adicionalmente 9 secuencias de otros estudios, las cuales fueron alineadas mediante el programa MEGA v.7 (Figura Nº13). El árbol filogenético realizado con el método Neighbor-joining con 1000 repeticiones bootstrap mediante el programa MEGA v7.0 mostro la existencia de cuatro clados bien diferenciados correspondiente a los cuatro genotipos de BoVh (Figura Nº14). El árbol se anclo con una secuencia de Parvovirus 4 de Chimpazee. La secuencia amplificada de la muestra seleccionada resulto 100 % idéntico a las secuencias de BoVh st1 (Figura Nº 14).

| | | | | | | | | | | | | | | | | | | | | | | | | | | | | | | | | | | | | | | | | |
|---|---|---|---|---|---|---|---|---|---|---|---|---|---|---|---|---|---|---|---|---|---|---|---|---|---|---|---|---|---|---|---|---|---|---|---|---|---|---|---|---|
| BoVH-sp1/Suecia/2005 DQ000495 | - | A | G | A | A | A | A | C | A | C | T | A | G | A | T | C | A | A | A | A | A | T | A | C | A | G | A | A | A | T | A | T | G | T | T | C | T | G | G | C |
| BoVH-sp1/Argentina/Cordoba/307AR09/2009 KJ634207 | - | A | G | A | A | A | A | C | A | C | T | A | G | A | T | C | A | A | A | A | A | T | A | C | A | G | A | A | A | T | A | T | G | T | T | C | T | G | G | C |
| BoVH-sp1/Suecia/st1/2005 NC 007455 | - | A | G | A | A | A | A | C | A | C | T | A | G | A | T | C | A | A | A | A | A | T | A | C | A | G | A | A | A | T | A | T | G | T | T | C | T | G | G | C |
| BoVH-sp1/USA/Salvador1/2005 JQ923422 | - | A | G | A | A | A | A | C | A | C | T | A | G | A | T | C | A | A | A | A | A | T | A | C | A | G | A | A | A | T | A | T | G | T | T | C | T | G | G | C |
| **BoVH/Venezuela/Caracas/INHRR-01/2014** | - | A | G | A | A | A | A | C | A | C | T | A | G | A | T | C | A | A | A | A | A | T | A | C | A | G | A | A | A | T | A | T | G | T | T | C | T | G | G | C |
| BoVH-sp4/Nigeria/HBoV4-NI-385/2007 NC 012729.2 | - | A | A | A | A | A | A | C | A | T | T | A | G | A | T | C | A | A | G | G | C | T | A | C | A | G | A | A | A | C | A | T | G | T | T | G | T | A | C | C |
| BoVH-sp2/USA/SanFrancisco/PK-5510/2009 NC 012042 | - | A | A | A | A | A | A | A | G | C | T | A | G | A | T | C | A | A | A | A | A | T | A | C | A | G | A | A | A | C | A | T | G | C | T | G | T | A | T | C |
| BoVH-sp2/USA/KansasCity/KU1 2010 GQ200737 | - | A | A | A | A | A | A | A | G | C | T | A | G | A | T | C | A | A | A | A | A | T | A | C | A | G | A | A | A | C | A | T | G | C | T | G | T | A | T | C |
| BoVH-sp2b/Nigeria/2B-NI-213/2007 FJ973560 | - | A | A | A | A | G | A | A | A | C | T | A | G | A | T | C | A | G | A | A | A | T | A | T | A | G | A | A | A | T | A | T | G | C | T | G | T | A | T | C |
| BoVH-sp2/USA/SanFrancisco/UK-648/2009 FJ170280 | - | A | A | A | A | A | A | A | G | C | T | A | G | A | T | C | A | A | A | A | A | T | A | C | A | G | A | A | A | C | A | T | G | C | T | G | T | A | C | C |
| BoVH-sp2a/Tunisia/2A-TU-114-06 FJ973558 | - | A | A | A | A | A | A | A | G | C | T | A | G | A | T | C | A | A | A | A | A | T | A | C | A | G | A | A | A | C | A | T | G | C | T | G | T | A | C | C |
| JX034735.1 | - | A | G | A | A | A | A | C | A | C | T | A | G | A | T | C | A | A | A | A | A | T | A | C | A | G | A | A | A | T | A | T | G | T | T | C | T | G | G | C |
| JX434044.1 | - | A | G | A | A | A | A | C | A | C | T | A | G | A | T | C | A | A | A | A | A | T | A | C | A | G | A | A | A | T | A | T | G | T | T | C | T | G | G | C |
| KC878500.1 | - | A | G | A | A | A | A | C | A | C | T | A | G | A | T | C | A | A | A | A | A | T | A | C | A | G | A | A | A | T | A | T | G | T | T | C | T | G | G | C |
| KC878507.1 | - | A | G | A | A | A | A | C | A | C | T | A | G | A | T | C | A | A | A | A | A | T | A | C | A | G | A | A | A | T | A | T | G | T | T | C | T | G | G | C |
| BoVH-sp2/Suecia/2005 DQ000496 | - | A | G | A | A | A | A | C | A | C | T | A | G | A | T | C | A | A | A | A | A | T | A | C | A | G | A | A | A | T | A | T | G | T | T | C | T | G | G | C |
| JX034727.1 | - | A | G | A | A | A | A | C | A | C | T | A | G | A | T | C | A | A | A | A | A | T | A | C | A | G | A | A | A | T | A | T | G | T | T | C | T | G | G | C |
| JX034734.1 | - | A | G | A | A | A | A | C | A | C | T | A | G | A | T | C | A | A | A | A | A | T | A | C | A | G | A | A | A | T | A | T | G | T | T | C | T | G | G | C |
| EU984096.1 | - | A | G | A | A | A | A | C | A | C | T | A | G | A | T | C | A | A | A | A | A | T | A | C | A | G | A | A | A | T | A | T | G | T | T | C | T | G | G | C |
| BoVH-sp3/Australia/Adelaide/W471/2001 EU918736 | - | A | A | A | A | A | T | C | A | C | T | A | G | A | T | C | A | A | C | A | A | T | A | C | A | G | A | A | A | T | A | T | G | T | T | C | T | G | G | C |
| BoVH-sp3/China/Beijing/46-BJ07/2007 HM132056 | - | A | A | A | A | A | T | C | A | C | T | A | G | A | T | C | A | A | A | A | A | T | A | C | A | G | A | A | A | T | A | T | G | T | T | C | T | G | G | C |
| HParV4/Chimpazee parv4/PT-P48 HQ113143 | C | T | G | T | A | C | C | C | A | C | T | G | T | A | G | C | A | G | A | C | A | T | A | G | A | T | A | G | T | T | T | T | T | T | T | C | A | G | G | A |

**Figura Nº13**: Alineamiento de secuencia del gen de la proteína “NP1” de BoVH. El alineamiento fue realizado con Clustal Omega. Se muestra un segmento de 40pb se alineamiento de todas las secuencias de Bocavirus utilizadas (BoVh-st1, BoVh-st2, BoVh-st3, BoVh-st4). La secuencia BoVh/Venezuela/INHRR-01/2015 mostro una secuencia 100% idéntica a secuencias de BoVh st1.

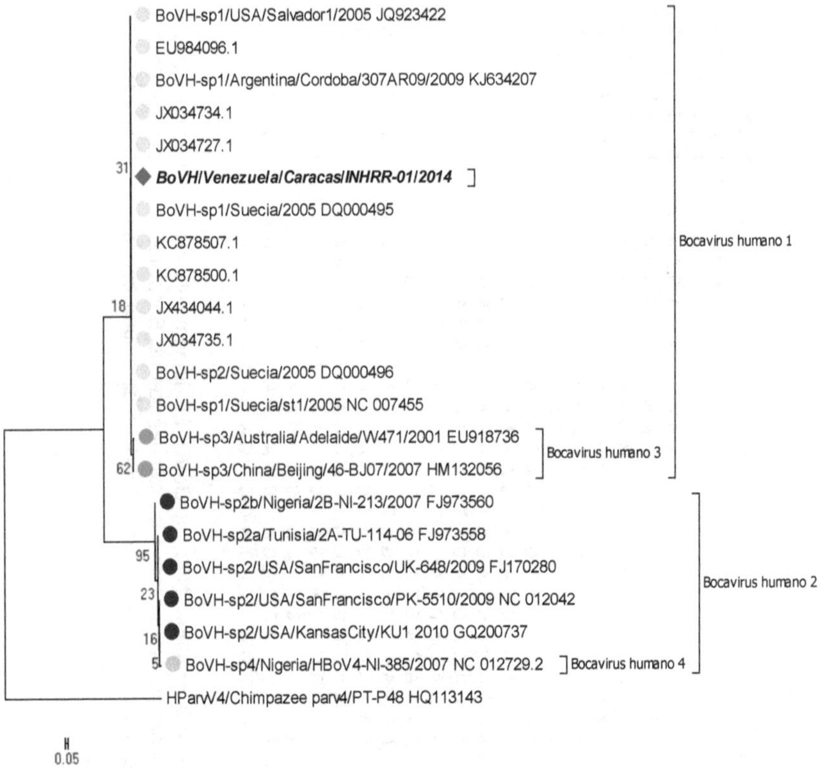


**Figura nº14**: Árbol filogenético del gen NP1 de BoVh. El análisis se realizó con el método Neighbor-Joinnig con 1000 repeticiones bootstrap. Los círculos amarillos indican las celas de BoVh especie 1(BoVh-sp1), los círculos azules las cepas de BoVh especie 2 (BoVh-sp2), los círculos verdes las cepas de BoVh especie 3 (BoVh-sp3) y los círculos verdes los BoVh especie 4 (BoVh-sp4). La cepa BoVh/Venezuela/INHRR-01/2015 presento 100% de similitud con la cepa referencia BoVh-sp1 DQ100495. El árbol se anclo con una secuencia de Parvovirus 4 de Chimpanzee.

# DISCUSIÓN

Las Infecciones Respiratorias Agudas (IRAs) constituye una de las primeras causas de mortalidad infantil en todo el mundo (Cardozo y col., 2015). En Venezuela, según los boletines epidemiológicos de los años 2010, 2011, 2012, 2013 y 2014, las IRAs representan el principal evento de notificación obligatoria y la principal causa de consulta en los establecimientos de salud. No obstantes, a pesar de los grandes esfuerzos de las autoridades sanitarias, todavía permanece un gran desconocimiento de las características epidemiológicas, clínicas y moleculares de los agentes de etiología viral asociados al desarrollo de Enfermedades Tipo Influenza (ETI) e Infecciones Respiratorias Agudas (IRAs) que azotan constantemente nuestra población en general.

Son pocos los estudios realizados de la etiología de las enfermedades respiratorias en Venezuela. Entre los encontrados en la literatura, se halla un estudio en el estado Zulia dirigido por Valero y colaboradores en el 2009, partiendo de 102 muestras del tracto respiratorios (hisopados nasales, faríngeos y/o nasofaríngeos, esputo y lavado broncoalveolar) de pacientes con clínica de IRAs, evidenció la circulación y la presencia de VRS (32,6%), Adenovirus (28,2%), Parainfluenza (23,9%) e Influenza 1(15,2%) en muestras de pacientes de todas las edades y ambos sexos, encontrando una positividad general de 45% (46/102) (Valero y col., 2009). Para la fecha del estudio mencionado, no se reportaron agentes como el MPVh, CoVh, BoVh, Rinovirus y Enterovirus humanos, debido a que la metodología planteada no incluía la detección de los mismos.

En otro estudio desarrollado también en el estado Zulia se evaluó la seroprevalencia de los virus respiratorios entre junio 2008 y junio de 2010 en una población de 224 pacientes y se encontró al Adenovirus en mayor porcentaje con 79,4% seguido por el VRS con 76,7%, Influenza B con 66,9% y finalmente Influenza A y PIV1, 2 y 3 con 58,9% (Gotera y col., 2012). Estos valiosos estudios podrían ser los primeros en aproximarse al esclarecimiento y entendimiento del papel de los virus respiratorios en el desarrollo de IRAs en la población venezolana. No obstante, aún falta por esclarecer y entender la frecuencia y el papel que juegan los otros virus respiratorios emergentes en la población venezolana, así como los grupos de riesgo y los genotipos existentes de estos agentes en nuestro país.

La pandemia de Influenza AH1N1pdm del 2009 brindó la oportunidad de fortalecer el Centro Nacional de Influenza en cuanto al diagnóstico de virus respiratorios mediante técnicas moleculares como la RT-PCR y la rRT-PCR (RT-PCR en tiempo real), permitiendo aumentar el número de agentes virales detectados al pasar de 7 virus con la técnica de Inmunofluorescencia (InfA, InfB, PIV1, PIV2, PIV3, VRS y AdV) a 15 virus (InfA, InfB, AdVh, PIV1, PIV2, PIV3, PIV4, VRSA, VRSB, Rinovirus, Enterovirus, MPVh, CoVh-229E, CoVh-OC43 y BoVh) así como la subtipificación de Influenza A y B (H1pdm09, H3N2, H3N2v, H1N1 estacional, H5a, H5b, H7, FluB Yamagata, FluB Victoria). Este fortalecimiento fue la punta de lanza para el desarrollo de proyectos de investigación que permitieran conocer más a fondo el papel de estos agentes etiológicos en el desarrollo de ETI, IRA u otra enfermedad respiratoria; así como conocer otros parámetros descriptivos como la prevalencia, frecuencia y carga de la enfermedad en nuestra población.

En la presente investigación se buscó detectar la presencia de los virus respiratorios no Influenza (VRnI) MPVh, CoVh 229E, CoVh OC43 y BoVh en muestras de pacientes con ETI y/o IRAs y/o IRAG referidas al INHRR como parte de la vigilancia de ETI e IRAG del MPPS; describir las características clínicas desarrolladas por los pacientes y finalmente caracterizar molecularmente cada agente etiológico detectado comparando con otros estudios en el mundo. Para ello se evaluaron por RT-PCR multiplex 1812 hisopados nasales, hisopados nasofaríngeos o aspirado faríngeo durante 6 años (2010-2015) procedentes de pacientes de todo el territorio nacional, ambos sexos, cualquier edad, condición inmunológica y morbilidad (ver tabla N°12 en resultados). Las 1812 muestras poseían previamente un resultado negativos a virus Influenza A y B. La investigación se centró en estos tres agentes virales (MPVh, CoVh y BoVh), debió al bajo conocimiento que existe en la comunidad médica-científica, organismos de Salud y población en general del papel que juegan en las diferentes enfermedades del sistema respiratorios, y debido a la falta de datos moleculares y epidemiológicos como prevalencia, frecuencia y carga de la enfermedad asociado a estos agentes etiológicos en Venezuela.

Al menos uno (1) de los tres agentes estudiados, fueron detectados durante los años incluidos (ver tabla N°13 en resultados). El MPVh se detecto en los años 2010, 2011, 2012, 2013 y 2015; el BoVh se detectó en 2010, 2011 y 2013, mientras que el CoVh se detectó en el 2010, 2011, 2012 y 2015. La frecuencia de detección de los tres agentes durante los años de estudio fue muy variada debido a que la misma estaba condicionada a las capacidades del laboratorio, por lo tanto en los años epidémicos 2009, 2011, 2013 y 2015 la capacidad del laboratorio se vió saturada porque representaron años de pandemia y brotes de IA H1N1pdm09, y la detección de VRnI disminuyo significativamente. Por el contrario, en los años inter-pandémicos 2010, 2012 y 2014 el laboratorio se encontraba menos saturado y el porcentaje de positividad a VRnI fue mayor.

El MPVh se detectó en 69 pacientes con IRAs, ETI y/o IRAG que corresponde a 9,1% de los pacientes positivos a VRnI ocupando el primer lugar de los tres (Tabla N° 13 en resultados). Esta frecuencia es levemente mayor a la reportada por otros estudios similares como el de Quan Tan y col. en 2014 quienes encontraron al MPVh en el 2,9% y por Minoru y col. (2012) de 3,7%; y es levemente inferior a 4% y 5,1% reportadas en estudios similares (García-Garcia y col., 2003; Huck y col., 2006). Entre los años de estudio, la positividad a MPVh vario con un rango entre 3,2% (2013) y 11,6 (2010). Esta frecuencia es levemente superior al estudio de Walsh y col., 2008 realizado en New York en una población de 1386 pacientes durante cuatro temporadas de invierno consecutivas, donde detecto el MPVh en el 8,5% del total de adultos hospitalizados. En ese mismo estudio el MPVh se detecto con un rango que varió de 4,3% a 13,7% a lo largo de las temporadas. Kim y col., 2005 reporto una tasa de infección de 4,7% para MPVh en 5318 muestras clínicas de pacientes con IRA.

Otros estudios reportan una prevalencia igual de 9%, mientras que Kuypers y col., 2005 en un total de 719 muestras de pacientes pediátricos encontró un positividad de 7,2%. Un estudio similar al presente pero en una población de 242 HN de niños pediátricos con IRA, encontraron una positividad a MPVh, CoVH NL63 y BoVh, de 8,3%; 7,4% y 2,4%, respectivamente (Smuts y col., 2008). En general, los resultados obtenidos en el presente estudio indican que el MPVh es un agente etiológico que puede estar presente en el 3,2% al 11,7% de los pacientes con sintomatología compatible a Infecciones respiratorias agudas en la población Venezolana (Tabla N° 13).

En todos los grupos etarios de la población estudiada en la presente investigación se encontró la presencia de MPVh con una frecuencia que oscila entre 7,2% (mayores de 60 años) hasta 37,7% (< 5 años) (ver figura N° 5 en resultados). De los 69 pacientes positivos a MPVh el 37,7% (26/69) fueron niños menores de 5 años y 26% (18/69) eran <2 años. Esto indica una mayor frecuencia del MPVh en los pacientes de los extremos de la vida tal como se ha observado en estudios previos (Williams y col., 2004; Dollner y col., 2004). Nuestros datos son cónsonos y confirmados por estudios previos que han encontrado al MPVh en pacientes de todas las edades, en especial niños < 5 años, adultos jóvenes y pacientes de tercera edad (> 60 años), asimismo, en niños y adultos con algún compromiso de las defensas inmunológicas (Kahn 2006). Por ejemplo, Williams y col., 2004 realizo un screenning a más de 2000 espécimen de niños < 5 años, colectados durante un periodo de 20 años y encontró al MPVh en el 20% de los casos de Infecciones Agudas del Tracto Respiratorios (ITRA).

La incidencia del MPVh en los casos de IRAs e IRAG varía de acuerdo a la localización geografía y a la época del año. En general la incidencia estimada varia en un rango de 5% a 15% en muchos estudios, aunque tasas mayores han sido reportadas (Dollner y col., 2004, Maggi y col., 2003), en nuestro estudio la frecuencia oscilo entre 2,9% (6-9 años) hasta 37,7% (< 5 años). Estos datos son cónsonos con el estudio de Garcia-Garcia y col., 2003 en una población de 200 infantes <2 años, encontraron una positividad de 9% para el MPVh, los niños presentaron infecciones del tracto respiratorios y un 38,8% bronqueolitis, mientras que es levemente inferior a otro estudio del mismo grupo de investigación (Garcia-Garcia y col., 2006) en muestras de aspirado nasofaríngeos de niños en edad pediátrica (<2 años) hospitalizados con IRA encontraron una frecuencia de MPVh del 14%.

Por otro lado, Greensill y col. 2003 en una población de 30 niños con bronqueolitis grave los cuales detectaron al MPVh en un 27% de los aspirados nasofaríngeos y Xioa y col, 2010 en 661 aspirados nasofaríngeos de niños con IRAG colectadas durante dos temporadas (Diciembre 2006-Noviembre 2008) encontraron al MPVh en el 6,9% de las muestras analizadas, donde el 57,8% poseían un diagnostico clínico de bronconeumonía. Estos datos también son cónsonos con estudios serológicos que indican que antes de los 5 años se tiene contacto con el MPVh, adquiriendo una inmunidad relativamente parcial ante el genotipo involucrado en la infección (vaan den Hoogen y col., 2001, Kahn 2006; Walsh y col., 2008). Estos resultados recalcan la importancia del MPVh en el desarrollo de IRA, IRAG e ETI en niños menores a 5 años. Otros estudios se han logrado determinar que MPVh produce entre 5-35% de los cuadros respiratorios en niños y adultos donde otro agente viral no ha podido ser reconocido (Falsey y col., 2003; Abara 2006; Lenneke y col., 2013; Boivin y col., 2007).

El MPVh también se encontró en la población de adultos jóvenes de edad entre 21-40 años, en el grupo etario de 41-60 años y adultos > 60 años, con una positividad importante de 26,1% (18/69), 13% (9/69) y 7,2% respectivamente (ver figura n°5 en resultados). Esta incidencia es superior a los encontrados por otros estudios donde indican una frecuencia entre 3,5% (Falsey y col., 2006) y 14% en la misma población (Lenneke y col., 2013; Boivin y col., 2007). El MPVh ha sido muy frecuente encontrado en adultos jóvenes. Walsh y col., 2008 en una población de 1386 adultos hospitalizados identifico al MPVh en 8,5% de los pacientes con un rango de 4,3% a 13,2% dependiendo de la edad. Se ha comprobado que existe reinfección por MPVh en niños y adultos debido a una respuesta inmunológica incompleta o a la infección con otro genotipo de MPVh (genotipo A o genotipo B) (Walsh y col., 2008; Pavlin y col., 2008, Hans y col., 2013).

Los signos, síntomas y el diagnóstico clínico observado en los pacientes positivos a MPVh se resumen en la figura n°6 y tabla n° 14 de la sección de resultados, y en general son de espectro amplio y muy similar a las reportadas en la literatura. Las mismas se caracterizan por alteraciones a nivel de vía respiratoria alta caracterizada por ETI e IRA baja en el 20,3% y 1,4% respectivamente, y produciendo cuadros graves caracterizados por IRAG en el 62,3% e IRA baja asociada a neumonía en un 15,9% (ver tabla N° 14 en resultados). El 85,5% de los pacientes +MPVh presentaron una evolución del cuadro clínico hasta requerir hospitalización generalmente asociada a neumonía. Este porcentaje es mayor al encontrado en otros estudios similares, donde reportan un 60% de probabilidad de desarrollar IRA con requerimiento de hospitalizacion cuando hay infección por MPVh (Quan Tan y col., 201).

Con referente a las características clínicas en adultos con MPVh, al igual que lo observado en este estudio, algunos reportes indican enfermedad leve con tos, ronquera, dolor de garganta, congestión nasal y rinorrea, y también infecciones asintomáticas hasta neumonía (Falsey and Walsh 2006); otros mencionan pacientes con bronconeumonía, bronquitis aguda y hospitalización entre el 4,3 al 13,2% (Hans y col., 2013; Lenneke y col., 2013; Boivin y col., 2007). Adicionalmente, se encontró un número importante (5,8%) de pacientes con comorbilidades crónicas que resultaron positivos a MPVH, hallazgo que es respaldado por estudios donde se ha encontrado el agente en el 2% de muestras de pacientes con exacerbaciones de Asma y EPOC (Kyle y col., 2012).

Se encontraron 4 cuadros clínico con diferentes grados de severidad asociados a infecciones por MPVh en nuestra población (ver tabla N° 14 de resultados). De menor a mayor severidad los pacientes poseían 20,3% de ETI, 1,4% poseían IRA alta asociada a resfriado común y laringitis, 15,9% tenían IRA asociada a neumonía y 62,3% desarrollaron IRAG con hospitalización. Se encontró que la gravedad de la infección depende del agente involucrado ($p<0.05$, 95% IC). Estos datos son apoyados por estudios previos que consiguen al MPVh asociados a cuadros severos y leves (Falsey and Walsh 2006). En general el MPVh represento un agente común hasta el 11,7% de las infecciones respiratorias, afectando principalmente a niños menores a 5 años pero también a adultos entre 21-40 años y es capaz de generar significativamente cuadros clínicos mas severos (IRA bajas e IRAG) (68,1%) que cuadros leves (ETI e IRA alta) en el 31,9% ($p<0.05$, 95% IC).

Estos resultados son confirmados mediante una ACORS donde se observó una asociación cercana pero no significativa del BoVh y del MPVh con cuadros clínicos severos caracterizados brionqutis aguda, dolor toráxico, estornudos, cefalea y artralgias, neumonía, hospitalización, disnea, sibilante, crepitante, fibre y tos (Figura N°7).

El análisis filogenético de la secuencia de 489pb de la proteína matriz del MPVh detectado en cinco pacientes con IRA, demostró la presencia de ambos linajes genéticos del virus (genotipos A y genotipo B) y de los sublinajes A2 y B2 (ver figura N°8). Los pacientes con sublinaje A2 presentaron un cuadro de IRA alta en multiples sitios con fiebre, escalofrio, cefalea, mialgias, congestion nadal, estornudo y malestar general asociado a bronquitis aguda (Pac.2 INHRR-VE) y neumonía con hospitalización (Pac.5 INHRR-VE) (ver tabla N° 15 y figura N° 8). Mientras que todos los pacientes con genotipo B2 desarrollaron unicamente un cuadro clínico severo con dificultad respiratoria con IRAG asociada principalmente a neumonía con hospitalización (Pac.1, Pac.3 y Pac.4) (ver tabla N° 15) y los mismos se ubicaron en el clado correspondiente al linaje B2 (ver figura N° 8 en resultados). No se halló una correlacion significativa entre la presencia de un genotipo u otro de MPVh y la severidad de la IRA. No obstante, se observó una asociación aparente entre el genotipo B2 con el desarrollo de cuadros clínicos mas severos, por lo tanto se podría plantear la hipótesis de que el genotipo B2 estaria vinculado al desarrollo de un cuadro clínico mas grave de las vías respiratorias con necesidad de hospitalización, mientras el genotipo A2 podrían estar vinculado al desarrollo tanto de cuadros clínicos leves superiores como gripe o resfriado hasta IRAG con neumonía y hospitalización, sin embargo, falta ampliar el número de pacientes secuenciados para corroborar esta hipotesis.

Este hallazgo es respaldado por análisis filogenéticos de los genes F y genes G que también arrojan 2 genotipos (A y B) y 4 subgenotipos (A1, B1, A2, B2) en pacientes con IRA. En un estudio realizado por Toda y colaboradores en 2009 el análisis filogenético de MPVh hayado en niños con IRA encontraron la presencia de los linajes genéticos A1, B1, A2 y B2 de virus circulando en la población (Toda y col., 2009). Igualmente Mackay en 2006 detectó la circulación de los cuatro genotipos de MPVh (A1, B1, A2 y B2) en un estudio durante cuatro años en 10319 muestras de pacientes con IRA, siendo el genotipo B2 el mayormente detectado. Mientras que Minoru y colaboradores en 2012 en un estudio en Okinawa Japón, solo encontraron el genotipo A1 en 17 de las 18 muestras positivas a MPVh y el genotipo B1 en una sola muestra (Minoru y col.,

2012). Este es el primer análisis que emplea la proteína matriz del MPVh y con resultados muy alentadores, no obstante hacen falta estudios filogenéticos empleando otros marcadores para confirmar de manera más precisa la presencia de ambos genotipos.

El CoVh se detectó en un 3,8% de las muestras analizadas (29/759) (ver tabla n° 13 en resultados). El CoVh OC43 fue detectado en 79,2% (19/24) en los años 2010 (15/19) y 2011 (4/19), siendo el más detectado de los dos, mientras que el CoVh 229E fue detectado únicamente en el 20,8% (5/24) y en los años 2010 (4/5) y 2015 (1/5). Estos datos son similares a otros estudios previos donde evalúan la epidemiologia de los distintos CoVhs, como un estudio en Brasil donde se anaizaron diferentes poblaciones, el CoVh fue detectado en 7,7% (88/1137) de las muestras positivas; el CoVh NL63 fue el mayormente detectado (50%), seguido por el CoVh OC43 con 24,3%, el CoVh 229E con 17% y el CoVh HKU1 con 5,7%. (Cabeca y col., 2013).

En un estudio entre los años 1999 a 2003 en New York desarrollado por Walsh y col, 2013, el CoVh OC43 se encontró en un rango de positividad entre 2,3% hasta 11,4%, mientras que el CoVh 229E varió entre 0,5 a 15% en una corte prospectiva de población de adultos mayores sanos, adultos con alto riesgo y adultos jóvenes, mientras que en la corte de hospitalizados el CoVh presentó una positividad entre 3,3 a 7,5%, donde el CoVh OC43 representó el 4,5% y el CoVh 229E el 2,4% de 1388 pacientes hospitalizados (Walsh y col., 2013). En otro estudio anterior de 2215 pacientes adultos con EPOC el CoVh fue identificado en 14% de las muestras, encontrándose el OC43 tres veces más frecuente que 229E (Gorse y col., 2009) y consiguiendo que las infecciones por CoVh e Influenza virus fueron igualmente asociadas a la necesidad de hospitalización.

Por el contrario en los Países Bajos, Graat y col detectaron el coronavirus por RT-PCR en 19% de 97 sujetos ancianos durante un período de 1 año, ninguno de los cuales requiere hospitalización (Graat y col., 2003). En los estudios de Houston, Texas, Greenberg identificó OC43 y/o 229E en 16 de 62 pacientes con EPOC durante 30 meses de vigilancia, con la mayoría de las infecciones causadas por OC43, mientras que Glezen y colaboradores diagnosticaron serológicamente infección con 229E y OC43 en el 3,4% de los 417 adultos hospitalizados durante un período de 4 años (Glezen y col., 2000, Greenberg y col., 2000). En un análisis de un gran número de enfermedades respiratorias en pacientes ambulatorios del Reino Unido, Gaunt identificó al CoVh en aproximadamente el 1,1% de los adultos por más de 3 años (Gaunt y col., 2010). En ese estudio, el 43% de los pacientes con IRAG eran positivos a OC43 y ninguno a 229E.

Al igual que el MPVh, los CoVh fueron detectados en todas las edades con un predominio en niños menores a 5 años con el 50% de los casos (12/24), seguido por el grupo que engloba la edad de 40-60 años y adultos mayores a 60 años con 16,7% (4/24) (ver figura N° 5 en resultados). Las características clínicas de los pacientes positivos a CoVh, tanto OC43 como 229E no se diferencian claramente de las desarrolladas por los pacientes positivos a MPVh. Las mismas se caracterizan principalmente por ser tipo ETI y/o IRA con fiebre (92,6%), tos (85,2%), disnea y rinorrea (48,1%), seguidas por malestar general (44,4%), escalofrío y sibilantes (37%), congestión nasal y crepitantes (33,3%); estos síntomas reflejar un claro compromiso de las vías respiratorias inferiores de los pacientes debido al desarrollo de neumonía en el 23,8% y bronquitis aguda (4,8%) (Ver figura N° 6 en resultados). El 28,6% de los pacientes desarrollaron IRAG y un 42,9% estuvieron hospitalizados. Estos datos son similares y apoyados por estudio como el de Walsh y colaboradores quienes encontraron que los pacientes hospitalizados con OC43 desarrollaron congestión, dolor de garganta, ronquera 32%, tos 96%, esputo 68%, disnea 96%, sibilancias 76%, febrícula 43%, rinorrea 9% y estertores 60%. No hubo diferencias entre el cuadro clínico desarrollado en los pacientes positivos a 229E y OC43 (Walsh y col., 2013). A diferencia del MPVh, se encontró que los CoVh están asociados mayoritariamente a pacientes con cuadro clínicos de resfriado común o IRA altas (41,4 %), seguido por IRAG con 31%, 20,7% ETI y 6,9% IRA con neuminia (Ver tabla N° 14 en resultados).

Con la finalidad de determinar las características genéticas de los CoVh detectados durante el estudio y abrir la puerta a otros estudios genéticos mas completos, se realizó la caracteriacion molecular empleando la glicoproteína S "Spike" de los coronavirus, que es el principal antígeno de los Coronavirus y juega un papel importante en la fijación del virus a receptores de la superficie celular e induce la fusión de las membranas viral y celular (Spaan et al., 1988). Mecanismos para evadir la respuesta inmune del huésped, variación en la gama de huéspedes y tropismo tisular reposan en gran medida a variaciones en la glicoproteína de superficie S de los coronavirus (Gallagher y Buchmeier, 2001).

El gen "S" de CoVh-229E tiene una longitud de 3513 nt y codifica una proteína de 1173 residuos de aa, posee un domino N-termina llamado S1 (codones 16-560), un dominio S2 (561-1173) que contiene varias repeticiones heptámeros, un dominio trans-membrana (codones 1117-1138) y un tallo citoplasmático (codones 1139-1173) (Chibo y Birch, 2006). La caracterización molecular del CoVh 229E se realizo empleando un segmento de 500 pb de este gen amplificado por RT-PCR a partir del hisopado nasal de pacientes con IRA. La secuencia amplificada de nuestras pacientes fue de 500pb entre los nucleótidos 2230-2729 nt, la misma se alinea entre los residuos 744 Arginina "R" y el residuo 911 Leucina "L" del dominio S2 abarcando una longitud de 165 aa (Ver figura N° 9 en resultados).

Para el análisis se escogieron secuencias de un estudio realizado por Chibo y Birch en 2006, representadas por 31 secuencias completas de aislados de CoVh 229E entre los años 1979 hasta 2008 (ver tabla N° 9 en metodologia). El estudio de la topología del árbol filogenético obtenido luego del alineamiento de secuencias, arrojo la existencia de cuatro grupos relacionados temporalmente (grupo del 1 al 4), resultado similar al descrito por los autores mencionados (Ver figura n° 10 en resultados).

El primer grupo abarca los CoVh 229E que entre 1979-1982, el segundo grupo los que circulantes entre los años 1982-1984, luego los que circularon entre 1990-1992 y finalmente los que circularon entre 2001-2008. Las secuencias de las cepas de virus detectadas en nuestros pacientes positivos a CoVh 229E (n=24) durante el estudio, se encontraron cercanas genéticamente a las cepas circulantes en el grupo 2001-2008 (grupo 4). La formación de estos grupos relacionados temporalmente se debió a la evolución en el tiempo por deriva génica del gen S producto de la presión selectiva del sistema inmunológico del huésped con una relación entre las sustituciones sinónimas y no sinónimas mayor a 1, lo que significa que existió una selección positiva en el gen S al paso del tiempo, obteniendo una diferencia de aa general del 3.3% entre las cepas de 1979 y las cepas del 2004.

La selección positiva ocurre principalmente en genes con función adaptativa (Bush, 2001) en su mayoría codificantes de proteínas de superficies como el gen S (Yang y Bielawski, 2000). Se podría sugerir que las cepas de CoVh 229E circulantes en nuestro país co-evolucionaron con otras cepas desde 1949 hasta el 2008 a una tasa constante. Esta hipótesis es comprobada por la existencia de cambios puntuales de aa presentes en la secuencia de nucleótidos de nuestras cepas con respecto a las cepas de referencia más antiguas (grupo 1 desde 1979-1982) ya que encontró que nuestra secuencia de proteína presentaba tres sustituciones o cambios puntuales de aa cuando se comparó con la cepa de referencia (AB691763): V765A, A775S y T871I (ver figura N° 9 en resultados). Estos cambios de aminoácidos se encuentra en el dominio S2 de la glicoproteína S e interesantemente son cambios que están presente en aislados pertenecientes al grupo más reciente de los años 2001-2008 (grupo 4) (ver figura n° 10).

Se estima que la tasa de evolución genómica en el tiempo entre cepas o aislados dentro de un mismo clado permanece igual siendo la tasa de evolución de gen S de Coronavirus 4x10-4 sustituciones de nucleótidos por sitio por año que representa la misma tasa estimada para otro virus de ARN (Vijgen et al., 2005). Hacen falta otros estudios para comprobar si estos cambios de aa en la región S2 del CoVh 229E juega un importante rol en la funcionalidad de la proteína S durante la infección viral o afecta la capacidad de infección de la celula huésped por el virus.

Por el momento, estos datos infieren que nuestras cepas virales de CoVh 229E venezolanas han sufrido variaciones de aa al paso del tiempo en la proteína S más expuesta a la presión inmunológica (co-evolucionaron junto con otras cepas de CoVh 229E). El análisis abarco 160 aa de la proteína S de CoVh 229E, por lo que hace falta un estudio genético más amplio para profundizar en nuestros análisis y dilucidar detalladamente la evolución de las cepas de CoVh 229E circulantes en nuestro país.

Aunque el primer descubrimiento de CoVh-OC43 se realizo hace 49 años

(1967) de un adulto con síntomas similares a resfriado común, pocos estudios de genomas completos se han llevado a cabo desde su descubrimiento. El primer genoma completo del CoVh-OC43 provino del laboratorio de biológico y estándares de referencias de la American Type Culture Collection (ATCC) (AY391777) y de un aislado clínico, designado Paris ambos reportado en 2004 por St. Jean y colaboradores y con una diferencia entre ellos de 6 nucleótidos a lo largo del genoma (St-Jean et al., 2004). Este estudio fue seguido por otro realizado en Bélgica donde se analizo el genoma completo de dos cepas de CoVh-OC43 aisladas en 2003 y 2004 (BE03 y BE04) demostrando que estas últimas son genéticamente distintas y que el CoVh-OC43 pudo haberse originado por un transmision zoonótica (Vijgen et al., 2005). Específicamente Vijgen et al, 2005, demuestran la alta similitud del genoma de CoVh-OC43 con el genoma de Bocavirus bovino (BCoV) comprobando así que el CoVh-OC43 provino de un salto de especies de los Bovinos al humano durante el siglo pasado ya que el ancestro común más cercano entre ambos virus data de 1890.

De esta manera, la caracterización del CoVh OC43 se realizó empleando un segmento de 499 pb del gen que codifica para la Spike glicoproteína "S" amplificado por RT-PCR a partir de muestras de hisopado nasales de 1 paciente con IRA (ver tabla n°16 en resultados). Para enriquecer el análisis 4 secuencias del genoma completo de CoVh OC43 más 38 secuencias parciales del gen que codifica la proteína S fueron seleccionadas para comparar con nuestras secuencias obtenidas (ver tabla N° 10 en metodología). Para el alineamiento (ver figura N° 11 en resutados) se incluyó la secuencia del gen S de OC43 originalmente aislada en 2005 (Vijgen y col., 2005a), dos secuencias reportadas por Lau y col., 2011 (HK04-01, HK04-02), dos secuencias de Bélgica reportadas en 2003 y 2004 (BE03 y BE04) (Vijgen y col., 2005b), 13 secuencias de USA aisladas desde 1983 hasta 2000, 15 secuencias aisladas en Francia desde 2001 hasta 2013 (Kin y col., 2015), 2 secuencias aisladas en China entre en 2005 y 2006 (Zhang y col., 2014), 1 secuencia de Paris (AY585229) y finalmente una secuencia de Coronavirus bovino (AF220291) (Ver figura N° 11 en resutados).

Nuestros análisis filogenético luego del alineamiento de las secuencias completas del gen S de aislados de OC43 de distintos países y años de aislamiento (Ver figura N° 12 en resultados) revelo la formación de 4 clados: un clado del genotipo A conformado por las cepas patrones ATCC VR-759 (AY391777, AY585228) y la cepa Paris ATCC VR-759 (AY585229) y un clado correspondiente al genotipo C conformado por 19 cepas: 7 cepas de Francia aisladas entre 2001-2015, 7 cepas de USA aislados en 1990, 1991, 1992, 1995, 1996, 1997 y 2000; 2 cepas de Hong Kong aislados en 2004, 2 cepas de Beijing aislados en 2005 y 2006 y 1 cepa patrón BE03 aislada en 2003 en Bélgica. Un clado con un genotipo B/E que incluye las cepas perteneciente los genotipos B y E, compuesto por 8 cepas de Caen Francia, 6 cepas de USA, 1 cepa de Bélgica BE04 y 1 cepa de Beijing de 2010. Interesantemente nuestra cepa CoVh-OC43/Venezuela/INHRR-01/2015 ancla a las cepas con genotipo B y E en un clado llamado BE, formando un clado denominado en este estudio como genotipo "V" de Venezuela conformado por nuestra cepa una cepa de USA de 1987 (CoVh-OC43/USA/872-5/1987) 100% idénticas.

Estos resultados son comprobados por estudios previos en 2011 de Lau y col.; y 2015 de Kin y col. Ambos estudios realizaron análisis filogenéticos empleando los genes nps12, S y N del virus. En el primero estudio el análisis cladográfico de los arboles filogenéticos mostro la formación de cuatro genotipos A, B, C y D, sugiriendo que el genotipo D es una recombinación de los genotipos B y C entre los segmentos nsp12/nsp13 del genoma viral. En el mismo estudio (Lau y col., 2011) se determinó la distribución temporal de las cepas estudiadas en base a la secuencia nucleotídica y se determinó que el genotipo A data desde 1965, el genotipo B data desde 1965, el genotipo C más recientemente desde el 2002. Para fines del presente estudio se utilizaron las secuencias HK04-01 (J129834) y HK04-02 (J129835) ambas aisladas en 2004. El segundo estudio utilizado fue realizado por Kin y col en 2015 en Francia donde también construyeron arboles filogenéticos de los genes nsp12, S y N del CoVh OC43 de cepas aisladas entre 2001 y 2013 proveniente de pacientes con gastroenteritis y/o IRA. Los autores encontraron la formación de 6 genotipos: los genotipos A, B y C ya mencionados y 3 nuevos genotipos E, F y G. Cuando se analiza los resultados del árbol filogenético del gen S, se forman los genotipos A, B, C y E.

Otro estudio en 2014, Hu y col., estudiaron la diversidad genética del CoVh

OC43 circulantes en Beijing China. Los autores realizaron secuenciación parcial del gen S1 (parte glomerular o dominio lectina de la proteína S encargada de reconocimiento del receptor celular) y el gen N entre las posiciones 24228-24785 y 30022-30580, respectivamente, empleando 50 muestras respiratorias colectadas en 2012. Los autores encontraron los genotipos A y B y cuatro grupos adicionales designados como UNT1, UNT(B), UNT(C/D) y (C/D). El grupo UNT1 "Untyped 1" mostro alta similitud con las cepas pertenecientes al genotipos E descrito por Kin y col., 2015 y las repotadas en la presente investigación, las cuales presentan una deleción de 12 nucleótidos que coparte con las cepas de Bocavirus bovino (AF220291). El grupo UNT (B) que engloba las cepas de genotipo B, el grupo UNT C/D es un clado adyacente al grupo C/D el cual engloba cepas con genotipos C más la cepa HK04_02 (JN129835) identificada por Lau y col., como genotipo D y por Kin y col., como genotipo BCC (Hu y col., 2014). Este estudio apoya la idea de la existencia de genotipos mezclados (genotipo C y genotipo D) tal como el genotipo B/E obtenido en nuestro análisis filogenético de la proteína S.

El genotipo V se encuentra adyacente a las cepas de genotipo B y genotipo E que se engloban dentro del genotipo B/E, y el mismo se encuentra constituido por nuestra cepa venezolana CoVh-OC43/Venezuela/INHRR-01/2015 y una cepa de USA (CoVh-OC43/USA/872-5/1987). El genotipo "V" es sustentado por la existencia de un 36% de peso en la base del clado en el árbol filogenético con 1000 bootstrap, el cual es un porcentaje que crecera y prevalecerá si se amplia los análisis empleando la secuencia completa del gen S (Ver figura N°12 en resultados).

Basándonos en distintos estudios de reloj molecular realizado en estudios previos en cepas de CoVh OC43 aisladas en diferentes países para determinar el surgimiento de cada genotipo, se puede inferir que nuestra cepa CoVh-OC43/Venezuela/INHRR-01/2015 surgio y comenzo su circulación a partir de la década de 1980 debido a su alta similitud con cepas cuya circulación data de esa fecha (genotipo B/E) (Lau y col., 2011, Kin y col., 2015). Para fortalecer esta hipótesis, habría que analizar la secuencia completa del gen S de nuestro aislado del 2015 para determinar si la distancia molecular se acorta hacia el genotipo B o hacia el genotipo E, sin embargo con los análisis realizados en este estudio se observo un 24% de peso en la formación del clado del ancestro común entre el genotipo BE y el genotipo V (ver figura n° 11 en resultados) lo cual basándonos en la tasa de evolución constante en en el tiempo mencionada (10-4 sustituciones/sitio/año) se asume una evolución y aparicion simultanea de ambos genotipos.

En otro estudio mas reciente desarrollado en Kuala Lumpur Malasia, donde estudiaron 2060 pacientes con IRA, el 1,1% fueron positivos a CoVh-OC43 (26/2060) y mediante el estudio filogenético del gen S de los aislados, los investigadores estiman una media de tasa de evolución del gen S de CoVh OC43 en 7,2x10-4 sustituciones por sitio por año y mencionan la aparición o presencia de dos genotipos nuevos: “linaje 1” y “linaje 2”, con una distancia genética mayor a 3,2% con respecto a los genotipos previamente identificados (A, B, C, D y E). Según el estudio el linaje 1 surgió de una recombinación entre cepas de genotipo B y C, mientras que el linaje 2 entre una recombinación entre genotipo A y B, ambos apareciendo durante la década del 2000 (2007 el linaje 1 y 2010 el linaje 2) según los análisis de reloj molecular (Al-khannaq et al., 2016).

Estos estudios le dan mucha importancia a la presente investigación ya que apoyan y comprueban la existencia de genotipos recombinantes, por lo tanto no se puede descartar el hecho de que nuestro gentipo “V” sea una recombinación de los genotipos B y E o la existencia de otros genotipos en Venezuela. Asimismo, estos estudios de Malasia, son una muestran de lo que podría estar sucediendo con las cepas de Coronavirus circulante en nuestra población ya que reflejan la evolución en el tiempo de estos agentes y de esta manera puede alertar a la comunidad científica y autoridades sanitarias de la capacidad evolutiva versátil de los Coronavirus con la finalidad de impulsar programas que persigan mantener bajo observación la futura aparición de cepas con capacidad pandemica como sucedió en 2003 con el Coronavirus SARS.

En el presente estudio, también se detectó el Bocavirus en el 3,4% de las muestras analizadas (26/759) representando el segundo agente más frecuente de los incluidos en el estudio (ver tabla n°13 en resultados). Al igual que el MPVh y los CoVh el mayor porcentaje de positividad fue en menores de 5 años con 63 %

de los casos (17/27) seguido por el grupo de niños mayores (6-20 años), pero también estuvo presente en todos los grupos etarios (ver figura n° 5 en resultados).

En un estudio de Noruega, el BoVH se detectó en el 12% de los niños con IRA y fue el cuarto agente etiológico viral más común después de VRS, RNH y MPVH. Desde el descubrimiento de BoVH (BoVHs1) otros tres Bocavirus relacionados (BoVHs2, s3 y s4) han sido identificados en muestras de heces y asociada con enfermedades gastrointestinales. (Moreno y col., 2009; Allander y col., 2012). Un estudio español encontró el BoVhs1 como el tercer agente viral con 17,1% de los casos de niños hospitalizados con IRA, con el 50% de los casos en niños menores a 12 meses y el 75% en menores de 2 años (Garcia-Garcia y col., 2008).

Existe una clara asociación entre la presencia del BoVh y sintomatología respiratoria puesto que el 100% de los pacientes positivos desarrollaron signos y síntomas compatibles a infecciones respiratorias. En Chile, en un primer estudio el BoVh se detecto en el 24,2% de los lavados nasofaríngeos en niños menores a 5 años con síntomas (Flores y col., 2007). En un segundo estudio de caso-control, el BoVh fue detectado en 14% de las muestras de hisopados nasales de niños con IRA (Vizcaya y col., 2008). En general el BoVh presenta una positividad que oscila entre 2,7% (Lin y col., 2007) a 19% en pacientes con enfermedades respiratorias (Moreno y col., 2009).

Los pacientes positivos a BoVh presentaron fiebre (85,7%), tos (76,2%), disnea, escalofrío y malestar general en un 47,6% de los pacientes; congestión nasal, mialgias y taquipnea en el 42,9%; crepitante y rinorrea en el 33,3%. También presentaron cefalea (28,6%), dolor torácico (23,8%) y artralgia, nauseas y vómito en el 19%. Por último se observó astenia, dolor de garganta y sibilante en un 14,3% y estornudo en el 4,8% de los pacientes positivos a BoVh (ver figura N° 6 en resultados).

Las complicaciones de nuestros pacientes fueron neumonía (44,4%) y bronquitis aguda (11,1%), con un porcentaje de IRAG de 63% y una tasa de hospitalización de 88,9%. Recientemente, en niños con neumonía confirmada radiográficamente, en los que se analizaron 17 virus respiratorios durante la fase aguda de la enfermedad, el virus más frecuentemente detectado fue el BoVH después el VRSH seguido del RVH. En el estudio de Garcia-Garcia y col., 2006, las manifestaciones más frecuentes desarrolladas por los pacientes positivos a BoVh fueron sibilancias recurrentes (55,8%), bronqueolitis (21,2%) y neumonía (15,4%) (Garcia-Garcia y col., 2006; Calvo y col., 2007). Estos estudios apoyan nuestros resultados obtenidos que asocian de BoVh a Infecciones respiratorias altas y bajas en pacientes de todas las edades, especialmente en niños, ancianos y pacientes con grados variados de morbilidad en la población Venezolana.

Actualmente sugieren que el BoVH es en muchas ocasiones un patógeno pasajero y en otras un agente patógeno causante de IRA. En este estudio se encontró asociado a cuadros clínicos como IRAG en un 42,3%, IRA asociada a nuemonia en un 34,6% y ETI e IRA altas en 11,5% (ver tabla N° 14). Datos respaldados por otros estudios previos realizado por (Allander y col., 2012) sugiere que las infecciones agudas por BoVH se asocian con la presencia de ADN viral en la sangre de los pacientes y que el mismo se encuentra con mayor frecuencia durante los síntomas agudos después de la infección. Además, una alta carga y viremia de BoVH se asocia con síntomas del tracto respiratorio, mientras que una carga viral baja en nasofaringe no está asociada a una clínica de IRA. Otros estudios confirman que BoVH es la causa más probable de enfermedad de las vías respiratorias si el paciente presenta alta viremia en el aspirado nasofaríngeo (Lüsebrink y col., 2009). Sin embargo, a pesar de estas evidencias es cada vez es más evidente que BoVH es un patógeno respiratorio importante (Moreno y col., 2009) tal como se ha demostrado en el presente estudio.

Se han reportado muchos estudios filogenéticos de BoVh en varias partes del mundo (Arthur y col., 2009, Kapoor y col., 2009, Kappor y col., 2010) empleando el gen NP1. En un estudio realizado en Córdoba Argentina en 2015 por Cardozo y colaboradores, cuyos autores reportan por primera vez el aislamiento y la secuencia genómica del BoVh st1 en el HN de pacientes pediátricos con IRA. El gen NP1 es único del género Bocavirus y es extremadamente conservado entre las especies de BoVh. El árbol filogenético obtenido luego del alineamiento de las secuencias seleccionadas (Ver figura N° 14 en resultados), reveló la distancia genética existente entre los cuatro genotipos de BoVh pudiéndose formar cuatro clados conteniendo las cepas de BoVh correspondientes. Nuestra cepa o aislado de BoVh (BoVh/Venezuela/INHRR-01/2015) fue 100% idéntica al primer virus aislado originalmente por Allander y col., en 2005 (DQ000495), particularmente en la región estudiada. Hace falta un estudio genético más amplio para evidenciar una diferencia clara entre nuestra cepa venezolana y el aislado original. Asimismo, buscar la presencia de los otros tres genotipos (genotipo st2, st3, st4) y detectar posibles entrecruzamientos e intercambios genéticos que induzcan la formación de nuevos genotipos a partir de cepas ancestrales.

Esta investigación representa el primer estudio de caracterización molecular de MPVh, CoVhs y BoVh en Venezuela, el cual abre la puerta para el surgimiento de estudios más completos de variabilidad genética temporal intra-especie de aislados y cepas de MPVh, CoVhs y BoVh circulantes en distintos años, asimismo, concede un aporte significativo al acervo génico al determinar por primera vez las secuencias nucleotidicas de MPVh, CoVh y BoVh, lo cual aporta al estudio de la biología molecular y el papel en las infecciones respiratorias de estos agentes virales y al avance en el desarrollo tecnológico de aplicaciones diagnosticas en el marco de la práctica médica.

## CONCLUSIONES

Haciendo referencia a los objetivos planteados en la presente investigación se logró:

1. Extraer el material genético a partir muestras de hisopado nasal provenientes de muestras de pacientes con diagnóstico presuntivo de IRA referidas al INH"RR".

2. Amplificar por técnicas RT-PCR el material genético de muestras provenientes de pacientes con diagnóstico de IRA referidas al INH"RR".

3. Secuenciar los amplicones provenientes de algunas muestras positivas a MPVh, BoVH y CoVh provenientes de muestras de pacientes con diagnóstico presuntivo de IRA referidas al INH"RR" para posteriores análisis filogenéticos.

4. Comparar filogenéticamente las secuencias obtenidas de las muestras positivas a MPVh, BoVH y CoVh provenientes de muestras de pacientes con diagnóstico presuntivo de IRA referidas al INH"RR", con las reportadas en las bases de datos de secuencias de genomas virales.

5. Determinar los grupos, genotipos y variantes génicas de MPVh, BoVH y CoVh en muestras analizadas.

Se llegó a las siguientes conclusiones:

1. El MPVh figuro omo agente etiológico del 9,1% de los pacientes que desarrollan cuadros de IRA en la población venezolana.
2. El MPVh figuro como un agente etiológico importante en pacientes de todas la edades pero con una mayor frecuencia en niños menores a 5

años (37,7%), adultos entre 21-40 años (26,1%) y adultos > 60 (7,2%). Y estuvo relacionado en un 68,1% al desarrollo de un cuadro clínico severo caracterizado por IRAG y neumonía con necesidad de hospitalización.

3. El análisis filogenético de MPVh evidencio la circulación de los genotipos A2 y B2 en pacientes con IRA en Venezuela. Con los datos analizados, se pudo observar una asociación aparente pero no significativa entre el genotipo B2 con el desarrollo de cuadro clínicos más severo en los pacientes.

4. Los CoVh 229E y OC43 son agentes etiológicos causantes del 3,8% de las IRA en la población estudiada. Los mismos afectan a pacientes de todas las edades especialmente niños menores a cinco años (61,5%) y están asociados principalmente a IRAs leves como resfriado común en un 41,4%.

5. La caracterización molecular del CoVh 229E empleando el gen que codifica la spike glicoproteína S revelo tres variaciones o cambios de aminoácidos en el segmento S2 con respecto a la cepa patrón ATCC VR-740 de 1947, las cuales son compartidas con cepas circulantes entre los años 2000-2008, sugiriendo una co-evolucionado desde 1979 hasta 2008.

6. La caracterización molecular de CoVh OC43 empleando el gen que codifica la spike glicoproteína S del CoVh OC43 revelo un posible nuevo genotipo denomina “genotipo V” de Venezuela que incluye la cepa aislada en nuestros pacintes CoVh-OC43/Venezuela/INHRR-01/2015.

7. Las cepas de CoVh OC43 encontradas en pacientes con IRA estudiados en Venezuela, posiblemente se hayan circulando desde 1980 debido a su alta similitud a cepas aisladas en esa década.

8. El BoVh figuro como un agente etiológico causante del 3,4% de las IRA en la población estudiada y se encontró presente en pacientes de todas la edades. El mismo esta significativamente asociado a

infecciones severas como IRAG con neumonía y hospitalización en un 38,5%.

9. Nuestra cepa o aislado de BoVh (BoVh/Venezuela/INHRR-01/2015) fue 100% idéntica al primer virus aislado originalmente por Allander y col., en 2005 (DQ000495).

10. Esta investigación resalta la importancia que en salud pública tiene la detección de agentes virales a través del Programa de Vigilancia Epidemiológica de ETI, IRA e IRAG del Ministerio del Poder Popular para la Salud, ya que permiten una aproximación a la comprensión del comportamiento, evolución, reemergencia y circulación de patógenos virales asociados a IRA e IRAG y a la comprensión de la complejidad etiológica detrás de estas patologías.

# RECOMENDACIONES

1. Estudios de seroprevalencia del MPVh para conocer el tiempo estimado de circulación del agente en la población Venezolana

2. Secuenciación y análisis del genoma completo de CoVh OC43 y 229E, así como otros Coronavirus humanos como el HKU-1, NL63, SARS y MERS.

3. Secuenciación y análisis del genoma completo de MPVh, así como la caracterización molecular del MPVh mediante la secuencian de otros marcadores genéticos como el gen F y G.

4. Análisis retrospectivo de cepas de CoVh OC43, 229E, HKU1 y NL63 posiblemente circulantes en Venezuela, con la finalidad de estudiar la variabilidad genética y distribución espacial de cepas locales mediante análisis de reloj molecular.

5. Estudio y comparación de Bocavirus humano hayado en muestras de heces humanas en Venezuela.

# ÍNDICE DE REFERENCIAS


Abara, S. (2006). Metapneumovirus humano: Un Nuevo agente en IRA alta y baja. Neumol Pediatr , 11-13.

Abdul-Rasool S, F. B. (2010). Understanding human coronavirus CoHh-NL63. The Open Virology Journal , IV, 76-84.

Acosta-Herrera, B., & Piñón, A. (2008). Fortalecimiento del diagnóstico Molecular para la Vigilancia de Virus Respiratorios en Cuba. Rev. Biomed. , 19, 146-154.

Agapov, E., Sumino, K., Gaudreault Keener, M., Storch, G., & Holtzman, M. (2006). Genetic of human metapneumovirus infection: Evidence of a shift in viral genotype without a change in illness. J Infect. Dis. (193), 396–403.

Albuquerque, M., Varela, R., & Santos, N. (2012). Acute Respiratory Viral Infections in Children in Rio de Janeiro, Brazil. . Rev. Inst. Med. Trop. Sao Paulo. , 54 (5):249-255. .

Allander, T., & Tammi, M. E.-L. ( 2005). Cloning of a human parvovirus by molecular screening of respiratory tract samples. Proc. Natl. Acad. Sci. (102), 12891-12896.

Arthur, J., Higgins, G., Davidson, G., Givney, R., & Ratcliff, R. (2009). A Novel Bocavirus Associated with Acute Gastroenteritis in Australian Children. PLoS Pathog , 4 (5), e1000391.

Belouzard, S., Millet, J., Licitra, B., & Whittaker, R. 2. (2012). Mechanisms of Coronavirus Cell Entry Mediared by the viral Spike protein. Viruses , 4, 1011-1033.

Boivin G, A., & Pelletier, G. (2002). Virological features and clinical manifestations associated with human metapneumovirus: A new paramyxovirus responsible for acute respiratory-tract infections in all age groups. J Infect Dis , 1330–1334.

Boivin, G., De Serres, G., Hamelin, M., Cote, S., Argouin, M., Tremblay, G., y otros. (2007). An outbreak of severe respiratory tract infection due to human metapneumovirus in a long-term care facility . Clin Infect Dis , 1152-1158.

Bonroy, .., Vankeenbergen, A., & Boel, A. B. (2007). Use of a real time PCR to study the incidence of human metapneumovirus and human respiratory sncycial virus infection during two winter season in Belgian pediatric hospital. Clin. Microbiol. Infect , 504-209.

Bush, R. (2001). Predicting adaptive evolution. Nat Rev Genet , 387–392.

Cabeça, T. K., Cranato, C., & Bellei, N. (2013). Epidemiological and clinical features of human coronavirus infections among different subsets of patients. Influenza and Other Respiratory Viruses , 1040–1047.

Cabello, C., Manjarrez, M., Olvera, R., Villalba, J., Valle, L., & Paramo, I. (2006). Frequency of viruses associated with acute respiratory infections in children younger than five years of age at a locality of Mexico City. . Mem. Inst. Oswaldo Cruz. , 101, 1.

Calvo, C. P., García-García, M. L., Pozo, F. P., Carvajal, O. M., Pérez-Breña, P. P., & Casas, I. (2007). Clinical Characteristics of Human Bocavirus Infections Compared With Other Respiratory Viruses in Spanish Children . Pediatric Inf Dis , 677-680.

Cardozo, A., Ghietto, L., Insfran, C., Wasinger, N., Marchesi, A., & Adamo, M. (2015). Primer Reporte De Secuencia Genómica Completa Y Análisis Filogenético De Bocavirus Humano 1 Aislado En Argentina. Revista de la Facultad de Ciencias Mèdicas , 161-16.

Carmona H, J. (2009). Infecciones Respiratorias Agudas en relación con la contaminación atmosférica y otros factores ambientales. Arch. Med , 69-79.

Chibo, D., & Birch, C. (2006). Analysis of human coronavirus 229E spike and nucleoprotein genes demonstrates genetic drift between chronologically distins strains. . Journal of General Virology , 1203-1208.

Coiras, M., & Aguilar, J. (2004). Simultaneous detection of fourteen respiratory viruses in clinical specimens by two multiplex reverse transcription nested-PCR assays. . J Med Virol. , 72 (3), 484-95.

Collins, P., & McIntosh, K. C. (1996). Respiratory Syncytial Virus. Lippincott Raven, NY. Fields Virology. , 44, 1130-1135.

Cox, R., & Williams, J. (2013). Breaking In: Human Metapneumovirus fusion and entry. Viruses , 5, 192-210.

Crowe, J. (1999). Host responses to respiratory virus infection and immunization. . Curr Top Microbiol Immunol. , 236, 191-214.

Darniot, M., Pitoiset, C., Petrella, T., Aho, S., Pothier, P., & Manoha, C. (2009 ). Age-associated aggravation of clinical disease after primary metapneumovirus infection of BALB/c mice. . Journal of Virology. , 83, 3323–3332.

Darniot, M., Pitoiset, C., Petrella, T., Aho, S., Pothier, P., & Manoha, C. (2009). Age-associated aggravation of clinical disease after primary metapneumovirus infection of BALB/c mice. Virology Journal. (83), 3323–3332.

de Graaf, M., Osterhaus, A., Fouchier, R., & Holmes, E. (2008). Evolutionary dynamics of human and avian metapneumoviruses. J. Gen. Virol. , 89, 2933–2942.

Debiaggi, M. C. (2012). The role of infections and coinfections with newly identified and emerging respiratory viruses in children. Virology Journal , 9 (3), 1-7.

Ditt, V., Lusebrink, J., Tillmann, R., Schildgen, V., & Schildgen, O. (. (2011). Respiratory infections by HMPV and RSV are clinically indistinguishable but induce different host response in aged individual. PloS One .

Dollner, H., Risnes A, R., & S.A, N. (2004). Outbreak of human metapneumovirus infection in Norwegian children. Pediatr. Infect. Dis. J , 436–440.

Drosten, C., Gunther, S., Preiser, W., van der Werf, S., Brodt, H., & Becker, S. (2006). Identification of a Novel Coronavirus in patients with Severe Acute Respiratory Syndrome. New England Journal of Medicine , 23, 11-26.

Esper, F., Martinello, R., Boucher, D., Weibel, C., Ferguson, D., Landry, M., y otros. (2004). A 1-year experience with human metapneumovirus in children aged <5 years. . J. Infect. Dis. , 1388–1396.

Falsey, A., & Walsh, E. (2006). Viral Pneumonia in Older Adults. Clinical Infectious Diseases , 518–24.

Falsey, A., Criddle, M., & Walsh, E. (2006). Detection of respiratory syncytial virus and human metapneumovirus by reverse transcription polymerase chain reaction in adults with and without respiratory illness. J. Clin. Virol. , 46–50.

Falsey, A., Erdman, D., Anderson, L., & Walsh, E. (2003). Human Metapneumovirus infections in young and elderly adults. . J. Infect. Dis. , 187, 785–790.

García García ML, C. R.-D.-B. (2004). Respiratory infections due to metapneumovirus in hospitalized infants. Anales de Pediatría. , 213-218.

García-García, M. (2007). Infecciones por bocavirus humano en niños españoles: características clínicas y epidemiológicas de un virus respiratorio emergente. Anales de Pediatria , 212-219.

Garcia-Garcia, M. L., Calvo, C., Martin, F., Perez-Brena, P., Acosta, & Casas, I. (2006). Human metapneumovirus infections in hospitalized infants in Spain. Arch. Dis. Child , 290–295.

Garcia-Gracia M.L, C. C., Pozo, F., Perez-Brana, P., Quevedo, S., Bracamonte, T., & y col. (2008). Human Bocavirus detections in nosopharyngeal aspirates of children without clinical symtoms of respiratory infection. Pediatr Infect Dis J , 358-60.

Gaunt, E., Hardie, A., Claas, E., Simmonds, P., & Templeton, K. (2010). Epidemiology and clinical presentations of the four human coronaviruses 229E, HKU1, NL63, and OC43 detected over 3 years using a novel multiplex real-time PCR method. J Clin Microbiol , 4940-4947.

Geller C., V. M. (2012). Human Coronaviruses: Insights into Environmental Resistance and Its Influence on the Development of New Antiseptic Strategies . Viruses , 4, 3044-3068.

Glezen, P., & Denny, F. (1973). Epidemiology of acute lower respiratory disease in children. . N Engl J Med , 288, 498–505.

Glezen, W., Greenberg, S., Atmar, R., Piedra, P., & Couch, R. (2000). Impact of respiratory virus infections on persons with chronic underlying conditions. JAMA , 499–505.

Gorse, G., O'Connor, T., Hal, I. S., Vitale, J., & Nichol, K. (2009). Human coronavirus and acute respiratory illness in older adults with chronic obstructive pulmonary disease. J Infect Dis , 847–857.

Graat, J., Schouten, E., & Heijnen, M. (2003). A prospective, communitybased study on virologic assessment among elderly people with and without symptoms of acute respiratory infection. J Clin Epidemiol , 1218–23.

Gralinski, L., & Baric, R. (2015). Molecular pathology of emerging coronavirus infections. . Jouernal of Pathology (235), 185–195.

Greenberg, S., Allen, M., Wilson, J., & Atmar, R. (2000). Respiratory viral infections in adults with and without chronic obstructive pulmonary disease. Am J Respir Crit Care Med , 167–173.

Greensill, J. P. (2003). Human metapneumovirus in severe respiratory syncytial virus bronchiolitis. . Emerg. Infect. Dis , 372–375.

Hagemeijer, P., J.M, R., & Cornelis A.M, d. H. (2012). Biogenesis and dynamic of the Coronavirus replicative structures. Viruses , 4, 3245-3269.

Hamelin, M., Yim, K., Kuhn, K., Cragin, R., Boukhvalova, M., Blanco, J., y otros. (2005). Pathogenesis of human metapneumovirus lung infection in BALB/c mice and cotton rats. Journal Virology , 79, 8894–8903.

Hegele, R., Hayashi, S., Hogg, J., & Paré, P. (1995). Mechanisms of airway narrowing and hyperresponsiveness in viral respiratory tract infections. Am J Respir Crit Care Med. , 5 (151), 1659-1664.

Herrera, M., G, R. D., & Reitor, L. (2000). Factores De Riesgo De Infecciones Respiratorias Agudas En Menores De 5 Años. Rev Cubana Med Gen Integr , 160-4 .

Hu Q, L. R., Peng K, D. X., & Wang, Y. (2014). Prevalence and Genetic Diversity Analysis of Human Coronavirus OC43 among Adult Patients with Acute Respiratory Infections in Beijing. PLoS ONE .

Hu, Q., Lu, R., Peng, K., Duan, X., Wang, Y., Zhao, Y., y otros. (2014). Prevalence and genetic diversity analysis of human coronavirus OC43 among adult patients with acute respiratory infections in Beijing, 2012. PLoS ONE , e100-781.

IMackay, I. S. (2006). Genetic Diversity of Human Metapneumovirus over 4 Consecutive Years in Australia.. J Infect Dis , 1630-1633.

J., P. S. (2009). Coronaviruses post-SARS: Update on replication and pathogenesis. Nat Rev Microbiol. , 6 (7), 439–450.

Janseen, K., Flore, K., Piette, A., Vankeerberghen, A., & Padalko, E. (2010). Implementation of real time RT-PCR for detection of human metapneumovirus and its comparison with enzime immunoassay. Arch Virol (155), 207-215.

Jartti, L. L.-V. (2011). "New Respiratory Viruses and the Elderly". The Open Respiratory Medicine Journal. , 5, 61-69.

Johnstone, J., Majumdar, S., Fox, J., & Marrie, T. (2008). Human metapneumovirus pneumonia in adults: Results of a prospective study. Clin. Infect. Dis (46), 571–574.

Joshua, W., Hustedt, B., & Marietta, V. (2010). The changing Face of Pediatric respiratory tract Infections: How Human Metapneumovirus and Human Bocavirus Fit into the overall Etiology of respiratory tract Infections in Young children. Journald of biology and medicine (83), 193-200.

Kahn, J. (2006). Epidemiology of human metapneumovirus. . Clinical microbiology reviews , 546–557 .

Kamboj, M., Gerbin, M., Huang, C., Brennan, C., Stiles, J., Balashov, S., y otros. (2008). Clinical characterization of human metapneumovirus infection among patients with cancer. . J. Infect. (57), 464–471.

Kamboj, M., Gerbin, M., Huang, C., Brennan, C., Stiles, J., Balashov, S., y otros. (2008). Clinical chraracterization of human metapneumovirus infection among with cancer. Journal Infection (57), 464-471.

Kapoor A, S. E., Simmonds P, C. T., Naeem A, S. S., Alam MM, S. S., Angez M, Z. S., & Delwart, E. (2009). A Newly Identified Bocavirus Species in Human Stool. J Infect Dis , 196–200.

Kapoor A, S. P., Slikas E, L. L., Bodhidatta L, S. O., Triki H, B. O., Oderinde BS, B. M., Bukbuk DN, B. J., y otros. (2010). Human bocaviruses are highly diverse, dispersed, recombination prone, and prevalent in enteric infections. Pediatr. Infect. Dis , 1633-1643.

Kim, Y. K., & Lee, J. (2005). Human metapneumovirus-associated lower respiratory tract infections in korean infants and young children. Pediatr. Infect. Dis. J , 1111–1112.

Kuypers, J., Wright, L., & Corey, R. M. (2005). Detection and quantification of human metapneumovirus in pediatric specimens by realtime RT-PCR. J. Clin. Virol. , 299–305.

Kyle Widmer, Y., Zhu, J. V., Marie R., G., Kathryn M., E., & Keipp, T. (2012). Rates of Hospitalizations for Respiratory Syncytial Virus, Human Metapneumovirus, and Influenza Virus in Older Adults. . Journal of Infectious Diseases , 56-62.

Lin F, Z. A., Yang N, L. H., & Yang E, W. S. (2007). Quantification of human bocavirus in lower respiratory tract infections in China. Infect Agent Cancer , 3-10.

Lusebrink, J., Wiese, C., Thiel, A., Tillmann, R., Ditt, V., Muller, A., y otros. (2010). High seroprevalence af neutralizing capacity again human metapneumovirus in all age studied in born. Clin. Vaccine Inmunol. (17), 481-484.

Lüsebrink, J., Wittleben, F., & Schildgen, V. S. (2009). Human Bocavirus: Insights into a Newly Identified Respiratory Virus. Viruses , 1, 3-12.

Maggi, F., Pifferi, V. C., Fornai, E., Tempestini, S., Anzilotti, L., Lanini, E., y otros. (2003). Human metapneumovirus associated with respiratory tract infections in a 3-year study of nasa swabs infants in Italy. J. Clin. Microbiol , 2987-2991.

Matthew, F., & Ralph, B. (2008). Mechanisms of Severe Acute Respiratory Syndrome Pathogenesis and Innate Immunomodulation. Microbiology and Molecular Biology Reviews , 672–685.

McIntosh, K. (. (1996). Coronavirus (3er ed., Vol. 1). (D. M. B. N. Fields, Ed.) Philadelphia: Lippincott Raven.

Moreno, C., Soli, Y., & Ryan, M. (2009). Bocavirus humano: Estudios en la literatura médica y en Chile. Rev. Clin. Infect. , 504-510.

Nichols, W., Peck, C. A., & Boeckh, M. (2008). Respiratory viruses other than influenza virus: impact and therapeutic advances. . Clin Microbiol Rev. , 274–290.

Nidaira, M., Katsuya, T., Hirotsune, H., Tatsuyoshi, K., Kazuo, G., Youko, M., y otros. (2012). Molecular Epidemiology of human metapneumovirus from 2009 to 2011. Japan J Infect. Dis. , 337-340.

Paiva, A. T. (2011). "Viral Infections of the Lower Respiratory Tract: Old Viruses, New Viruses, and the Role of Diagnosis". Clinical Infectious Diseases (52), S284–S289.

Patrick C, Y. W., Susanna, K., Lau, Y. H., & Kwok-Yung, Y. (2009). Coronavirus Diversity, Phylogeny and Interspecies Jumping. . Experimental Biology and Medicine (234), 1117-1127.

Perlman, S., & Netland, J. (2009). Coronaviruses post-SARS: Update on replication and pathogenesis. Nat Rev Microbiol , 6 (7), 439–450.

Pilger DA, C. V.-S. (2011). Detection of human bocavirus and human metapneumovirus by real-time PCR from patients with respiratory symptoms in Southern Brazi. Viruses (7), 786-792.

Quan Tan, X., Xiahong, Z., Vernon J, L., Jin Phang, L., Boon Huan, T., Wee Hong, V. K., y otros. (2012). Respiratory viral pathogens among Singapore military servicemen 2009–2012: epidemiology and clinical chraracteristics . MNC Infectious Diseases , 14-204.

Ryan K. Dare, A. M., S., P., Olsen, S., & Diseases, D. D.-T.-T. (2007). Human Coronavirus infections in rural Thailand: A comprehensive study using real time reverse transcription polymerase chain reaction assays. The Journal of Infectious Diseases (196), 1321-1328.

Ministerio del poder popular para la Salud. (2012). Resumen de la Situación Epidemiológica Nacional. Caracas Venezuela. Boletín Epidemiológico N° 9 .

Sastre, P., Ruiz, T., Schildgen, O., Schildgen, V., Vela, C., & Rueda, P. (.-b. (2012). Seroprevalence of human respiratory syncytial virus and human metapneumovirus in healthy population analyzed by recombinant fusion protein based enzime linked immunosorbent assay. Virology Journal , 9, 130-135.

Schildgen, V., van den Hoogen, B., Fouchier, R., Tripp, R., Alvarez, R., Manoha, C., y otros. (2011). Human metapneumovirus: Lesson learned over the first decade . Clin. Microbiol. Rev. , 734–754.

Smuts, H., Workman, L., & Zar, H. (2008). Role of human metapneumovirus, human coronavirus NL63 and human bocavirus in infants and young children with acute wheezing. . J Med Virol. , 906-912.°

Syha, R., Beck, R., Hetzel, J., Ketelsen, D., Grosse, U., Springer, F., y otros. (2012). Human metapneumovirus asoociated pulmonary infections in immunocompromised adults initial ct findings, disease course and conparison to respyratori syncytial virus induced pulmonary infections. Eur. J. Radiol (81), 4173-4178.

Valero N., L. Y. (2009). Etiología viral de las infecciones respiratorias agudas. Inves Clin. Inves Clin , 3 (50), 359-368.

Valero, M. L. (2009). Etiología Viral de las infecciones respiratorias agudas. Invest Clin. , 3 (50), 359-368.

van den Hoogen, B., de Jong, J., Groen, J., Kuiken, T., de Groot, R., Fouchier, R., y otros. (2001). A newly discovered human pneumovirus isolated from young children with respiratory tract disease. Nat. Med. , 719–724.

van den Hoogen, B., Herfst, S., Sprong, L., Cane, P., Forleo Neto, E., de Swart, R., y otros. (2004). Antigenic and genetic variability of human metapneumoviruses. Emerg. Infect. Dis. , 658–666.

van den Hoogen, B., van Doornum, G., Fockens, J., Cornelissen, J., Beyer, W., de Groot, R., y otros. (2003). Prevalence anfd clinical symptoms of human metapneumovirus infection in hospitalized patients . Infect. Dis. J. , 1571-1577.

Vijgen, L., Keyaerts, E., Lemey, P., Moës, E., Li, S., Vandamme, A.-M., y otros. (2005). Circulation of genetically distinct contemporary human coronavirus OC43 strains. Virology , 85–92.

Vijgen, L., Keyaerts, E., Moes, E., Thoelen, I., Wollants, E., Lemey, P., y otros. (2005). Complete genomic sequence of human coronavirus OC43: : Molecular clock analysis suggests a relatively recent zoonotic coronavirus transmiccion event. J. Virol. , 1595-1604.

Vizcaya, C., Ferrés, M., Montecinos, L., Godoy, P., Azocar, T., & Flores, J. (2008). Bocavirus humano en ni;os menores a 5 años sin sintomas respiratorios EN Resúmenes XXV Congreso Chileno de Infectología (pág. 57). La serena.

Walsh, E., Peterson, D., & Falsey, A. (2008). Human metapneumovirus infections in adults: Another piece of the puzzle. Ann. Intern. Med , 2489–2496.

Wash, E., Shin, J., & Falsey, A. (2013). Clinical Impact of Human Coronaviruses 229E and OC43 Infection in Diverse Adult Populations. Journal of Infectious Diseases , 1634–1642.

Widmer, K., Zhu, Y., Williams, J., Griffin, M., Edwards, K., & Talbot, H. (2012). Rates of hospitalizations for respiratory syncytial virus, human metapneumovirus, and influenza virus in older adults. J. Infect. Dis. , 56–62.

Williams, J. (2005). Human Metapneumovirus: An Important Cause of Respiratory. Curr Infec Dis Rep , 3 (7), 204-210.

Williams, J., Harris, S., Tollefson, L. L., Halburnt-Rush, J., Pingsterhaus, K., Edwards, P., y otros. (2004). Human metapneumovirus and lower respiratory tract disease in otherwise healthy infants and children. N. Engl. J Med. , 443-450.

Williams, J., Wang, C., Yang, C., Tollefson, S., House, F., Heck, J., y otros. (2006). the role of human metapneumovirus in upper respiratory tract infections in children: A 20-year experience . J. Infect. Dis. , 387-395.

Woo, P., Lau, S., Huang, Y., & Yuen, K. (2009). Coronavirus diversity, phylogeny and interspecies jumping. Exp Biol Med , 10 (234), 1117-1127.

Woo, P., Yuen, K., & Lau, S. (2012). Epidemiology of coronavirusassociated respiratory tract infections and the role of rapid diagnostic tests: a prospective study. Hong Kong Med J (18), 22-24.

Xiao, N.-g. M., Xie, Z.-p. M., Zhang, B. M., Yuan, X.-h. M., Song, J.-r. M., Gao, H.-c. M., y otros. (2010). Prevalence and Clinical and Molecular Characterization of Human Metapnemovirus in Children with acute respirtory infection in China. . Ped Inf Dis J , 131-134.

Yang, Z., & Bielawski, J. P. (2000). Statistical methods for detecting molecular adaptation. Trends Ecol Evol , 496–503.

Zhang, Y., Li, J., Xiao, Y., Zhang, J., Wang, Y., Chen, L., y otros. (2014). Genotype shift in human coronavirus OC43 and emergence of a novel genotype by natural recombination. J. Infect , 641-650.

## ANEXO

## ANEXO N° 1

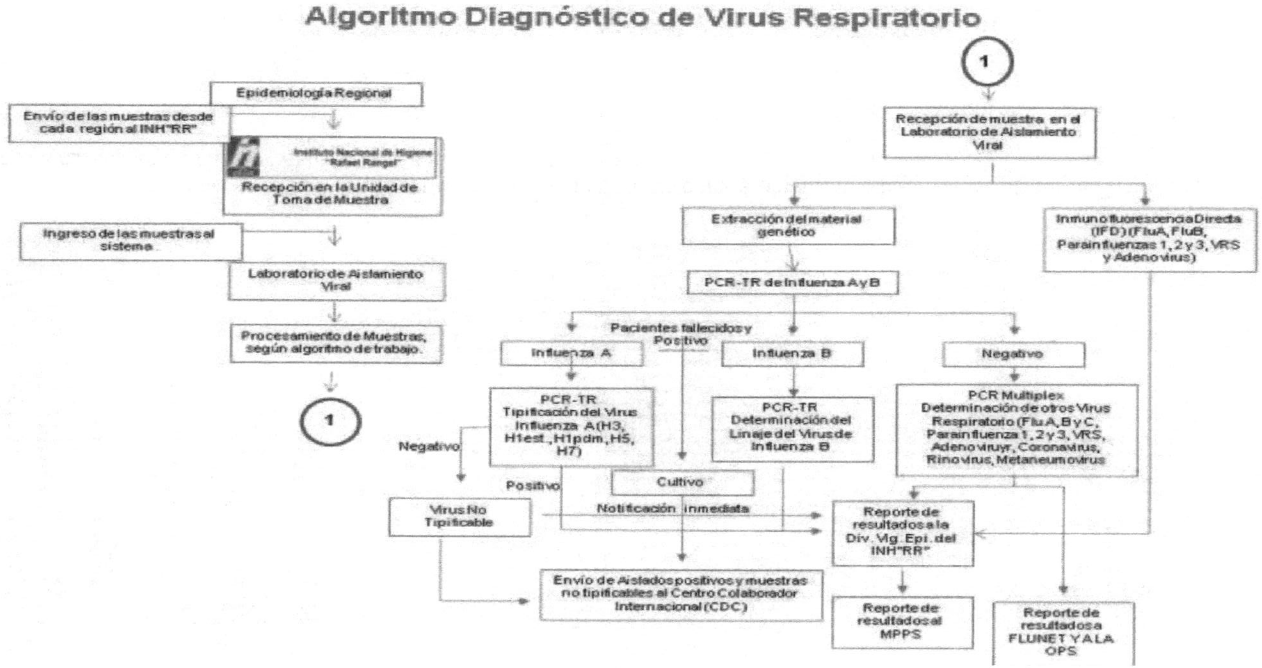

# ANEXO N ° 2

Resultados del Analisis Blast, Solicitud de Servicio #073-15

| Sequence Name | Start | End | Length | omplement | bit-score | score | E-value | hit-from | hit-to | source_frame | gaps | identities | id | def | accession |
|---|---|---|---|---|---|---|---|---|---|---|---|---|---|---|---|
| MUESTRA1_3PIV24_001_A09 | 11 | 133 | 123 | no | 211.999 | 107 | 1,98E-46 | 561 | 684 | direct | 1/124 (0.8065% | 120/124 (96.77%) | gi\|408684297\|dbj\|AB753478.1\| | Human parainfluenza virus 4b HN gene for hemagglutinin-neuraminidase, partial cds, strain: | AB753478 |
| MUESTRA1_3PIV24_001_A09 | 20 | 133 | 114 | no | 210.023 | 106 | 7,81E-46 | 571 | 684 | direct | 0/114 (0%) | 112/114 (98.25%) | gi\|408684299\|dbj\|AB753479.1\| | Human parainfluenza virus 4b HN gene for hemagglutinin-neuraminidase, partial cds, strain: | AB753479 |
| MUESTRA1_4PIV4_003_B09 | 22 | 142 | 121 | no | 208.046 | 105 | 3,17E-45 | 641 | 521 | complement | 0/121 (0%) | 117/121 (96.69%) | gi\|408684297\|dbj\|AB753478.1\| | Human parainfluenza virus 4b HN gene for hemagglutinin-neuraminidase, partial cds, strain: | AB753478 |
| MUESTRA1_4PIV4_003_B09 | 22 | 142 | 121 | no | 200.14 | 101 | 7,61E-43 | 8141 | 8021 | complement | 0/121 (0%) | 116/121 (95.87%) | gi\|695277479\|gb\|KF908238.1\| | Human parainfluenza virus 4b strain QLD-01, complete genome | KF908238 |
| MUESTRA2_3PIV24_005_C09 | 23 | 134 | 112 | no | 190.258 | 96 | 7,01E-40 | 571 | 684 | direct | 2/114 (1.754%) | 110/114 (96.49%) | gi\|408684299\|dbj\|AB753479.1\| | Human parainfluenza virus 4b HN gene for hemagglutinin-neuraminidase, partial cds, strain: | AB753479 |
| MUESTRA2_3PIV24_005_C09 | 23 | 134 | 112 | no | 190.258 | 96 | 7,01E-40 | 571 | 684 | direct | 2/114 (1.754%) | 110/114 (96.49%) | gi\|408684297\|dbj\|AB753478.1\| | Human parainfluenza virus 4b HN gene for hemagglutinin-neuraminidase, partial cds, strain: | AB753478 |
| MUESTRA2_4PIV4_007_D09 | 13 | 142 | 130 | no | 217.929 | 110 | 3,23E-48 | 650 | 520 | complement | 1/131 (0.7634% | 126/131 (96.18%) | gi\|408684297\|dbj\|AB753478.1\| | Human parainfluenza virus 4b HN gene for hemagglutinin-neuraminidase, partial cds, strain: | AB753478 |
| MUESTRA2_4PIV4_007_D09 | 13 | 142 | 130 | no | 210.023 | 106 | 7,75E-46 | 8150 | 8020 | complement | 1/131 (0.7634% | 125/131 (95.42%) | gi\|695277479\|gb\|KF908238.1\| | Human parainfluenza virus 4b strain QLD-01, complete genome | KF908238 |
| MUESTRA3_HBOV2F_009_E09 | 22 | 355 | 334 | no | 559.862 | 283 | 1,03E-150 | 7808 | 7474 | complement | 1/335 (0.2985% | 326/335 (97.31%) | gi\|612507259\|gb\|KJ672615.1\| | Human parainfluenza virus 3 strain HPIV3/Homo sapiens/PER/FLA3621/2008, complete genor | KJ672615 |
| MUESTRA3_HBOV2F_009_E09 | 22 | 355 | 334 | no | 559.862 | 283 | 1,03E-150 | 7808 | 7474 | complement | 1/335 (0.2985% | 326/335 (97.31%) | gi\|612507241\|gb\|KJ672613.1\| | Human parainfluenza virus 3 strain HPIV3/Homo sapiens/PER/CFI1036/2010, complete genor | KJ672613 |
| MUESTRA4_HBOV2F_013_G09 | 10 | 352 | 343 | no | 615.204 | 311 | 2,24E-167 | 7815 | 7474 | complement | 3/344 (0.8721% | 336/344 (97.67%) | gi\|612507259\|gb\|KJ672615.1\| | Human parainfluenza virus 3 strain HPIV3/Homo sapiens/PER/FLA3621/2008, complete genor | KJ672615 |
| MUESTRA4_HBOV2F_013_G09 | 10 | 352 | 343 | no | 615.204 | 311 | 2,24E-167 | 7815 | 7474 | complement | 3/344 (0.8721% | 336/344 (97.67%) | gi\|612507241\|gb\|KJ672613.1\| | Human parainfluenza virus 3 strain HPIV3/Homo sapiens/PER/CFI1036/2010, complete genor | KJ672613 |
| MUESTRA5_3HCoV_002_A10 | 15 | 547 | 533 | no | 1034.22 | 523 | 0 | 26487 | 27021 | direct | 2/535 (0.3738% | 532/535 (99.44%) | gi\|530802443\|gb\|KF530086.1\| | Human coronavirus OC43 strain OC43/human/USA/872-5/1987, complete genome | KF530086 |
| MUESTRA5_3HCoV_002_A10 | 15 | 547 | 533 | no | 1034.22 | 523 | 0 | 26487 | 27021 | direct | 2/535 (0.3738% | 532/535 (99.44%) | gi\|530802410\|gb\|KF530083.1\| | Human coronavirus OC43 strain OC43/human/USA/879-29/1987, complete genome | KF530083 |
| MUESTRA5_4HCoV_004_B10 | 12 | 562 | 551 | no | 1073.75 | 543 | 0 | 26995 | 26445 | complement | 0/551 (0%) | 549/551 (99.64%) | gi\|530802443\|gb\|KF530086.1\| | Human coronavirus OC43 strain OC43/human/USA/872-5/1987, complete genome | KF530086 |
| MUESTRA5_4HCoV_004_B10 | 12 | 562 | 551 | no | 1073.75 | 543 | 0 | 26995 | 26445 | complement | 0/551 (0%) | 549/551 (99.64%) | gi\|530802410\|gb\|KF530083.1\| | Human coronavirus OC43 strain OC43/human/USA/879-29/1987, complete genome | KF530083 |
| MUESTRA6_3HCoV_006_C10 | 11 | 592 | 582 | no | 1135.02 | 574 | 0 | 22791 | 23374 | direct | 2/584 (0.3425% | 582/584 (99.66%) | gi\|404553529\|gb\|JX503060.1\| | Human coronavirus 229E isolate 0349, complete genome | JX503060 |
| MUESTRA6_3HCoV_006_C10 | 11 | 592 | 582 | no | 1135.02 | 574 | 0 | 2203 | 2786 | direct | 2/584 (0.3425% | 582/584 (99.66%) | gi\|371940436\|dbj\|AB691767.1\| | Human coronavirus 229E S gene for spike protein, complete cds, isolate: Niigata/01/08 | AB691767 |
| MUESTRA6_4HCoV_008_D10 | 10 | 602 | 593 | no | 1140.95 | 577 | 0 | 23346 | 22754 | complement | 0/593 (0%) | 589/593 (99.33%) | gi\|404553529\|gb\|JX503060.1\| | Human coronavirus 229E isolate 0349, complete genome | JX503060 |
| MUESTRA6_4HCoV_008_D10 | 10 | 602 | 593 | no | 1140.95 | 577 | 0 | 2758 | 2166 | complement | 0/593 (0%) | 589/593 (99.33%) | gi\|371940436\|dbj\|AB691767.1\| | Human coronavirus 229E S gene for spike protein, complete cds, isolate: Niigata/01/08 | AB691767 |
| MUESTRA7_3HCoV_010_E10 | 8 | 591 | 584 | no | 1131.07 | 572 | 0 | 22789 | 23374 | direct | 2/586 (0.3413% | 583/586 (99.49%) | gi\|404553529\|gb\|JX503060.1\| | Human coronavirus 229E isolate 0349, complete genome | JX503060 |
| MUESTRA7_3HCoV_010_E10 | 609 | 781 | 173 | no | 114.916 | 68 | 2,00E-22 | 23362 | 23179 | complement | 13/185 (7.027% | 159/185 (85.95%) | gi\|404553529\|gb\|JX503060.1\| | Human coronavirus 229E isolate 0349, complete genome | JX503060 |
| MUESTRA7_4HCoV_012_F10 | 11 | 604 | 594 | no | 1148.86 | 581 | 0 | 23346 | 22754 | complement | 1/594 (0.1684% | 591/594 (99.49%) | gi\|404553529\|gb\|JX503060.1\| | Human coronavirus 229E isolate 0349, complete genome | JX503060 |
| MUESTRA7_4HCoV_012_F10 | 11 | 604 | 594 | no | 1148.86 | 581 | 0 | 2759 | 2166 | complement | 1/594 (0.1684% | 591/594 (99.49%) | gi\|371940436\|dbj\|AB691767.1\| | Human coronavirus 229E S gene for spike protein, complete cds, isolate: Niigata/01/08 | AB691767 |
| MUESTRA8_3HCoV_014_G10 | 11 | 599 | 589 | no | 1140.95 | 577 | 0 | 22791 | 23381 | direct | 2/591 (0.3384% | 588/591 (99.49%) | gi\|404553529\|gb\|JX503060.1\| | Human coronavirus 229E isolate 0349, complete genome | JX503060 |
| MUESTRA8_3HCoV_014_G10 | 612 | 701 | 90 | no | 914.332 | 46 | 2,32E-09 | 23360 | 23266 | complement | 5/95 (5.263%) | 84/95 (88.42%) | gi\|404553529\|gb\|JX503060.1\| | Human coronavirus 229E isolate 0349, complete genome | JX503060 |
| MUESTRA8_4HCoV_016_H10 | 13 | 604 | 592 | no | 1146.88 | 580 | 0 | 23345 | 22754 | complement | 0/592 (0%) | 589/592 (99.49%) | gi\|404553529\|gb\|JX503060.1\| | Human coronavirus 229E isolate 0349, complete genome | JX503060 |
| MUESTRA8_4HCoV_016_H10 | 13 | 604 | 592 | no | 1146.88 | 580 | 0 | 2757 | 2166 | complement | 0/592 (0%) | 589/592 (99.49%) | gi\|371940436\|dbj\|AB691767.1\| | Human coronavirus 229E S gene for spike protein, complete cds, isolate: Niigata/01/08 | AB691767 |

Servicio BLAST prestado por la UEGF-IVIC donde se aprecia un análisis comparativo con la base de datos del NCBI de las secuencias obtenidas de cada muestra procesada.

# ANEXO N° 3

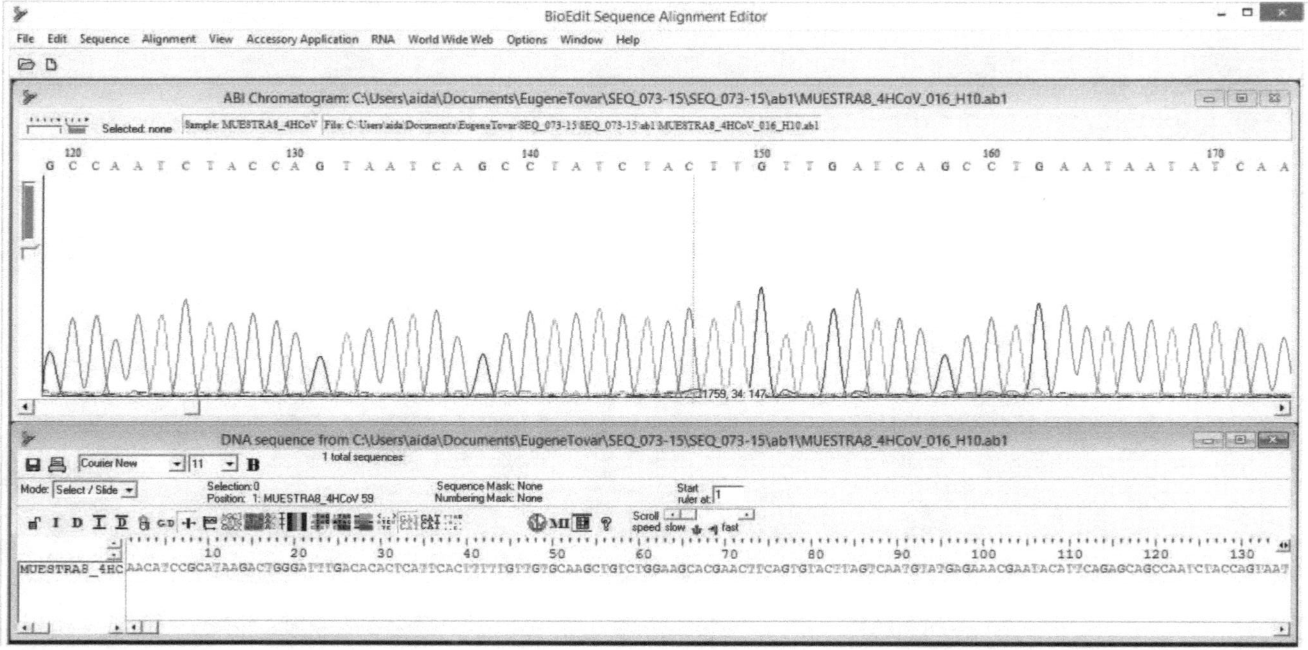


Electroferograma obtenido de la secuenciación de una muestra de paciente con IRA. Se aprecian los picos de cada nucleótido incorporado en cada posición a lo largo de los 500 pb que posee la banda amplificada. Más abajo se aprecia la secuencia lineal de nucleótidos de la banda secuenciada por el servicio de UEGF-IVIC.

FSC
www.fsc.org
MIX
Papier | Fördert gute Waldnutzung
FSC® C083411

Kolibri 360 GmbH
Ferdinand-Jühlke-Straße 7
99095 Erfurt, Deutschland
produktsicherheit@kolibri360.de

Druck:
CPI Druckdienstleistungen GmbH
im Auftrag der
Kolibri 360 GmbH
Ferdinand-Jühlke-Str. 7
99095 Erfurt